우리 집에
인공위성이
떨어진다면?

우리 집에 인공위성이 떨어진다면?

청소년을 위한 천문학 이야기

지웅배 지음

창비

차례

들어가는 글

"우주는 우리가 무엇을 하든 신경 쓰지 않는다."

—줄스 에반스Jules Evans, 『철학을 권하다』

이렇게 솔직하고 매정한 '팩트 폭력'이 있을까요? 약 137억 년 전 빅뱅과 함께 이 우주의 시간과 공간이 존재하기 시작한 이래로 지금까지 우주는 우리 인간을 신경 쓴 적 없고, 앞으로도 그럴 것입니다. 그저 우주는 자연을 움직이는 물리 법칙에 따라 굴러왔을 뿐이죠. 그러던 중, 어쩌다 우리가 우주 한구석에 존재하게 되었을 뿐이지 우리와 지구가 우주에게 큰 의미가 있는 존재는 결코 아닙니다.

그래서 과학, 특히 우주를 연구하는 천문학은 정말 오묘합니다. 우리는 세상을 '인간'의 눈으로, 인간 중심적으로 바라보는 데 익숙합니다. 인간의 삶과 관련된 많은 일들을 해결하는 데는 그러한 시각이 필요하지요. 하지만 이러한 시각이 허용되지 않는 분야가 있습니다. 바로 과학입니다. 물론 과학자들은 더 나은 인간의 삶을 만들기 위해 노력하지만, 그 결과를 얻어 내는 연구 과정만큼은 과학적 사고와 논리를 따라야 합니다. 인간적인 편견에서 최대한 벗어나,

우주의 모습을 있는 그대로 관찰하고 받아들여야 진정한 우주의 모습을 볼 수 있죠.

하지만 천문학도 결국 사람의 일이기에, 천문학의 역사를 살펴보면 어쩔 수 없이 '인간적인' 측면에 좌우되는 경우를 흔히 봅니다. 많은 과학자들이 보여 주는 가장 인간적인 면모 가운데 하나는, 바로 '대세'를 따라가려고 하는 점입니다. 매력적이고 세련된 자연법칙은 우주의 대세, 즉 구성 요소들이 보이는 대체적인 경향과 흐름을 일관되게 설명해 냅니다. 그리고 많은 과학자들은 자신만의 새로운 자연의 대세를 찾아내기 위해 평생을 바칩니다.

그래프 속에 깔끔하고 반듯한 선을 따라 쭉 이어지는 점들의 모습은, 마치 잘 정돈된 책장을 보는 것처럼 마음을 아주 편안하게 만들어 줍니다. 그러나 아쉽게도 현실은 반듯한 그래프 선과 다르죠. 대부분의 경우, 과학자들이 다루는 관측 및 실험 데이터들은 눈에 띄는 대세 없이 애매하게 이곳저곳에 마구 흩어져 있습니다. 점 몇 개가 문제일 때도 있죠. 그 점들 몇 개만 딱 지우면, 내가 그럴듯한 새로운 자연법칙을 발견했노라고 우길 수 있을 것만 같습니다.

과학에서는 대세에서 벗어나 튀는 값들을 아웃라이어Outlier라고 부릅니다. 말 그대로 대세 바깥에 놓여 있다는 뜻이죠. 실제로 많은 연구 현장에서는 다양하고 교묘한 통계적·수학적 기지를 발휘해 거슬리는 아웃라이어들을 쫓아내기도 합니다. 대세에서 벗어난 값들을 보며 아마도 관측이나 실험 중에 실수가 있었을 거라고 낙천적인 기대를 하기도 합니다. 마치 자기가 먹지 못하는 포도는 신 포도일 거라고 아전인수하는 여우를 닮았죠. 아웃라이어들이 쫓겨난 그래프는 이전보다 더 깔끔하게, 더 명확하게 대세를 드러내 줍니다.

물론 과학은 지금까지 발전해 오면서 많은 법칙들을 밝혀냈고, 그 자연법칙을 통해 우주에서 벌어지는 다양한 현상과 실험 결과들을 예측할 수 있었습니다. 그리고 여러 번에 걸쳐 검증되어 온 법칙들은 당연히 옳은 법칙이라고 생각하기 쉽지요. 만약 기존의 과학 법칙으로 설명하기 어려운 '이상한' 결과를 얻게 되면, 그 결과는 오류로 판단하는 경우가 대부분입니다. 우주의 대세를 찾아내는 과학자들도 대세를 따라야 마음이 편한 것입니다.

하지만 아웃라이어 같은 과학자가 주장하는 '톡' 튀는 결과가 오랜 시간이 흐른 뒤 위대한 발견의 첫 단추가 되는 경우도 적지 않습니다. 그리고 이러한 위대한 발견은 그동안 그저 당연하게 생각해 왔던 것들에 대한 질문을 던지면서 시작되지요.

마냥 당연하게 생각했던 우주의 모습을 조금 삐딱하게 보고 조금 더 깊게 들여다볼 수 있는 용기를 가질 때, 다른 이들이 보지 못했던 우주의 색다른 모습을 발견할 수 있습니다. 위대한 과학자들은 그저 당연하게 보이는 것들에 의심을 품고, 남들은 그저 쓸데없는 공상이라고 여기는 상상을 자유롭게 펼쳐 보면서 놀라운 발견과 통찰을 이루어 냈지요. 뉴턴은 하늘에 떠 있는 달을 바라보며 달이 왜 땅으로 떨어지지 않는지 궁금해했고, 아인슈타인은 만약 자신이 빛의 속도로 달린다면 세상이 어떻게 보일지를 고민했습니다.

지금 우리는 어떤가요? 당연하게 생각해 오던 상식에 의문을 품고, 자유롭게 질문을 던질 수 있을까요? 아쉽게도 오늘날 세상의 아웃라이어들에게 쏟아지는 따가운 눈총은, 우주의 색다른 모습을 발견할 수 있는 용기를 앗아가고 있는 것 같습니다. 수업 시간에 손을 들고 질문을 던지는 학생들을 찾기가 어려워지는 것은, 단순히 수업이 지루해서도 자신이 엉뚱한 질문을 할까 봐 두려워서도 아닙니다. 손을 드는 그 순간 주변에서 쏟아지게 될 불편한 시선들이, 굳이 수업 시간에 질문을 하는 유난 떠는 '별종', '관심 종자'로 낙인 찍히는 것이 두렵기 때문입니다. 이렇게 다들 세상의 아웃라이어가 될까 봐 몸을 사리며 대세에 맞춰 조용히 따라가려고만 하는 자기 검열의 결과, 우리는 질문하는 즐거움과 용기를 잃어버리고 있습니다. 우주에 대한 질문은 조금씩 사라졌고, 자연스럽게 우주에 대한 우리의 관심도 옅어지고 있습니다.

하지만 우리는 분명 모두 아주 어릴 때 끊이지 않는 호기심으로 세상을 바라봤습니다. 흔히 어린아이들의 보호자들은 '왜?' 시기라는 아주 어려운 단계를 겪습니다. '이건 왜 그래?'라는 아이들의 질문에 답을 주면, 뒤이어 '그럼 그건 왜 그래?' 하는 질문이 끊이지 않고 이어지지요. 미국의 한 방송사에서는 어린 딸이 계속 아빠에게 '왜?'라고 물어보면서 결국 아빠를 지치게 만드는 콩트를 만들어 내보낸 일도 있습이다. 그만큼 어린아이들의 '왜' 공격은 만국 공통으로 무시무시한 위력을 갖고 있는 것 같습니다.

어쩌면 세상 모든 것들이 궁금하고, 질문을 쉬지 않고 던지는 어린아이들이야말로 가장 훌륭한 자연 과학자인지도 모릅니다. '왜 물은 아래로 흐를까?', '왜 별은 빛날까?' 등 어른들은 그저 당연하다고 생각하는 것들에 의문을 던지는 것은 즐겁고도 멋진 일입니다.

엄밀하게 말하면 과학의 역할과 기능은 '왜'가 아니라 '어떻게'라는 질문에 답을 해 주는 데 있지요. 물리학은 '왜 사과가 땅으로 떨어지는지'를 속 시원하게 이야기해 주지는 못합니다. 땅이 사과를 좋아해서? 사과가 위에 있으면 불안해해서? 사과가 땅으로 떨어지는 데 별다른 이유는 없습니다. 자연이 원래 그렇게 움직이는 것뿐이지요. 다만 물리학은 사과가 어떻게 땅으로 떨어지는지 아주 세련되게 이야기해 줄 수 있습니다. 지구의 질량만큼 깊게 파인 중력장을 따라 거리의 제곱에 반비례하는 만유인력 법칙에 의해 떨어진다고, 다양한 수식과 그림으로 설명할 수 있지요. 결국 과학이 명확하게 답할 수 있는 것은 '어떻게'이지만, '왜'라는 질문은 그 답을 얻어내는 데 아주 중요한 원동력이 됩니다.

아무리 애를 써도 답을 알아낼 수 없는 질문도 존재할 것입니다. 그러나 바로 그렇기 때문에, '이 우주가 왜 하필 이런 모습이고, 왜 우리가 이렇게 존재하고 있는지'를 묻는 일은 우주가 존재하는 한 영원히 지속될 것입니다.

이 책을 쓰면서 오랫동안 잊고 있던 어릴 적의 순수한 용기, 세상 모든 것에 궁금해하고 마음대로 질문을 던졌던 순수한 마음을 어렴풋이나마 찾기 위해 노력했습니다. 그리고 우주의 당연해 보이는 것들에 질문을 던졌습니다. 하나의 질문에 답을 하면 그 대답에 이어지는 새로운 질문을 이어 가는 어린아이들처럼, 하나의 큰 질문에서 시작한 이야기를 계속 작은 질문들로 이어 가며 책을 구성했습니다. 독자 여러분이 의식의 물결을 따라 자연스럽게 흘러가는 다양하고 엉뚱한 질문에 대한 답을 따라가다, 책의 마지막 페이지에서 마음껏 질문하는 용기와 상상하는 즐거움이라는 소중한 보물이 담긴 보물섬에 도착하기를 바랍니다.

> "나는 과학을 좋아하지만, '사실'을 알려주는 냉철함 때문이 아니라, 우선 '가설'을 세울 줄 아는 모험심 때문에 좋아한다."
>
> –김소연, 「상상력–미지와 경계를 과학하는 마음」

2018년 1월

연희동 연구실에서, 지웅배

일러두기

이 책에 실린 사진·이미지의 출처와 저작권은 이 책의 뒷부분에 밝혔습니다. 저작권법에 의해 보호받는 사진 중 일부 저작권자를 찾지 못한 사진은 저작권자가 확인되는 대로 저작권법에 해당하는 사항을 준수하려고 합니다.

01

별을 셀 수 있을까?

#별과행성 #천문학적 #별은몇개일까

#성단과은하 #우주적주소 #또다른작은우주

1 2 3...

그건 별이 아니야

흔히 가늠하기 어려울 정도로 큰 숫자를 이야기할 때, '천문학적'Astronomical, 天文學的이라는 표현을 씁니다. 과연 '천문학적으로 큰 숫자'란 얼마나 큰 것일까요? 우주에 있는 별을 모두 셀 수 있다면 그 수는 얼마나 될까요? 천문학자들은 이 우주에 별이 얼마나 존재하고 있는지 어림잡아 헤아릴 수 있습니다.

우선 이 넓은 우주에 분포하는 별의 개수를 세기 위해, 별이 정확히 무엇인지를 이야기해야겠죠. 천문학자로서 유감스럽게도, 우리말에서 '별'이란 단순히 '우주에 존재하는 모든 천체'를 일컬어 왔습니다. '별똥별', '지구 별'이라는 표현을 굉장히 흔하게 써 왔죠. 그러나 천문학적으로 별똥별과 지구 별은 별이라고 할 수 없습니다. 천문학에서 별은 스스로 빛을 내며 타오르는 거대한 가스 덩어리만을 의미합니다. 기스 덩어리 중심에서 높은 온도의 가스 원자들이 빠르게 부딪히고 핵융합하면서 그 에너지로 빛을 내는 것이죠. 그래서 천문학자들은 '스'스로 '타'기 때문에 별이 '스타'인 거라고 우스갯소리를 하기도 합니다. 재미 없는 농담처럼 들릴 수 있지만, 그래도 외우기는 쉽죠.

한 천문학자가 친구들과 함께 밤바다를 거닐고 있었습니다. 친구들과 즐거운 저녁 시간을 보낸 끝이었고, 그날의 분위기에 맞게 바다 위 밤하늘에는 밝은 천체가 하나 영롱하게 빛나고 있었죠. 천문학자의 친구들은 하늘 위의 천체를 가리키며 물었습니다. "저 별은

지구의 하늘에서 달 다음으로 밝게 보이는 태양계 행성으로 금성과 목성이 있다. 이 두 '행성'은 가끔 사람들이 별로 착각할 정도로 밝게 빛난다. 사진은 2015년 밤하늘에 금성(위의 밝은 점)과 목성(아래 조금 어두운 점)이 달과 함께 떠오른 모습을 미국 시애틀에서 찍은 것이다.

밝고 둥근 보름달과 금성(왼쪽 아래), 그리고 목성(왼쪽 위)이 우연히 함께 떠 있는 모습을 중국 베이징에서 담은 사진이다. 사진을 잘 보면 목성 주변을 맴도는 희미한 작은 네 개의 점, 바로 목성의 위성까지 확인할 수 있다. 이 사진은 합성이 아닌, 실제 사진이다!

이름이 뭐야?"

천문학자는 즐거운 분위기를 약간 망칠 각오를 하면서, 제대로 된 설명을 들려주었습니다. 지금 너희가 가리키고 있는 천체는 목성이고, 그것은 '별'이 아니라 '행성'이라고요. 하지만 설명을 포기할 때도 많습니다. 까마득히 어려운 어른이나 좋아하는 감정이 막 싹트기 시작한 사람 앞에서라면, 잘못된 과학 지식을 정정하는 것이 좋은 효과를 불러일으키지 못할 수 있죠.

천문학자는 잘못된 과학 지식이나 상식 앞에서 종종 괴로워합니다. 특히 지구의 밤하늘에서 금성과 목성은 꽤나 밝게 보이기 때문에 많은 사람들이 이를 가리키며 어떤 별인지를 묻는 경우가 많습니다. 그때 혹시 천문학자가 어색한 웃음을 짓고 있다면, "그건 별이 아니야."라고 말하고 싶지만 혹시 상대의 기분을 상하게 하는 것은 아닐까 망설이고 있는 중인지도 모릅니다.

눈으로 볼 수 있는 모든 별의 개수

별은 밝게 빛나기 때문에 멀리 떨어져 있어도 희미하게 아른거리는 그 모습을 볼 수 있습니다. 16세기에 망원경이 발명되기 전까지, 사람들은 그저 맨눈에만 의존하여 밤하늘을 바라봤습니다. 물론 당시의 하늘은 오늘날에 비해 더 맑고 별을 관측하는 데 방해가 되는 불빛도 없었겠지만, 맨눈으로 별을 관측한다는 건 어려운 일이겠죠.

육안에 의지해 별 하나하나의 위치와 밝기를 기록해야 했던 이들은 눈이 빠지도록 아프게 하늘을 바라봤을 거예요.

우주의 규모를 파악하기 위해서 오래전부터 지금까지 천문학자들은 '별 세기'Star Counting를 해 왔습니다. 하늘이 매우 맑고 어두운 지역의 밤하늘이라면 한자리에서 맨눈으로 약 4,500개 정도의 별을 관측할 수 있습니다. 사실 9,000개 정도이지만 둥근 우주 가운데 우리는 지평선 위로 떠오른 절반만 볼 수 있기 때문에 한 장소에서 한 번에 볼 수 있는 별의 최대 숫자는 그 절반밖에 안 되죠.

아쉽게도 요즘은 밝은 도시 불빛이 밤하늘로 번지면서 시야를 방해하지요. 이를 광공해Light Pollution라고 합니다. 서울처럼 광공해가 심한 대도시에서는 아주 밝은 별들 몇 개만 볼 수 있습니다. 도시에서 볼 수 있는 별의 평균적인 개수는 40여 개뿐입니다. 인류가 하늘의 별빛을 따다가 지상을 밝히는 조명으로 사용하고 있는 것 같다는 느낌에 사로잡힐 때도 있습니다. 지상이 밝을수록 별빛이 사라지니까요.

망원경은 맨눈보다 더 오랫동안 어두운 별빛을 모을 수 있기에, 망원경을 통하면 더 멀리서 빛을 내는 희미한 별을 더 많이 볼 수 있습니다. 쌍안경으로는 약 200만 개 이상, 작은 망원경으로는 500만 개 이상의 별을 관측할 수 있죠. 관측 기기의 발전과 함께 더 어둡고 멀리 있는 별까지 눈에 담을 수 있게 되면서 우주에 있는 모든 별의 개수를 세는 일은 점점 더 어려워지고 있습니다. 눈에 보이는 별의 개수가 많지 않을 때는 하나하나 헤아렸지만, 이제는 그렇게는 셀 수 없죠. 우주에 존재하는 모든 별의 개수는 분명 그 수가 '유한'하기는 하겠지만 셀 수 없는 유한함, '무한하게 느껴지는 유한함'입니다. 지구의 모든 해변에 존재하는 모래알의 개수처럼 말이에요.

저금통을 깨지 않고 동전을 세는 방법

그렇다면 '셀 수 없는' 별의 개수를 어떻게 셀 수 있을까요? 셀 수 없는 것을 센다는 것은 모순되게 느껴집니다. 당연히 콩밥에서 콩을 골라내듯이, 우주에 있는 모든 별의 개수를 하나하나 세지는 않습니다. 대신 간접적인 방식으로 별의 개수를 추정할 수 있지요.

100원짜리 동전이 가득 담긴 커다란 저금통 속 동전의 개수를 세는 경우를 생각해 볼까요? 동전을 일일이 손으로 센다면 오랜 시간이 걸릴 것입니다. 하지만 저울을 이용하면 쉽게 동전의 개수를 추정할 수 있죠. 정밀한 저울로 100원짜리 동전 하나의 무게를 달아본 뒤, 저금통 속에 담긴 모든 동전의 무게를 재는 거예요. 그다음 전체 동전의 무게를 동전 하나의 무게로 나누면 전체 동전의 개수를 쉽게 알 수 있습니다.

천문학자들도 바로 이러한 방식으로 우주에 분포하는 별들의 개수를 유추합니다. 별을 하나하나 셀 수는 없지만, 별이 여러 개 모여 있는 그룹들의 전체 질량을 측정하여 별 하나의 평균적인 질량으로 나눠 주면 그 그룹 안에 별이 얼마나 많이 모여 있는지 유추할 수 있

우리 은하수의 한쪽을 크게 확대해 바라본 모습이다. 멀리서 보면 그저 구름처럼 뿌옇게 하늘을 가로지르는 것처럼 보이지만, 크게 확대해 보면 모두 각자 작게 빛나는 별인 것을 확인할 수 있다. 이 '셀 수 없이 많은' 별의 개수를 헤아리기 위해 천문학자들은 질량을 이용한다.

지요.

아무 기준 없이 무턱대고 별의 개수를 세어 보라고 한다면 막막하겠죠. 비교적 개수가 적고 세기 쉬운 작은 단위로부터 우주 전체를 아우르는 큰 단위에 이르기까지 순서대로 규모를 확장하면서 별의 개수를 유추해 가는 것이 편합니다. 가구원들이 가구를 이루고, 가구들이 모여서 읍·면·동을 이루고, 그러한 단위들이 모여서 시·도를 이루고, 그것들의 집합체가 국가인 것처럼 천문학자도 거대한 우주를 작은 단위부터 큰 단위까지로 구분하여 분석하는 것입니다.

별들이 모여 있는 작은 마을, 성단

사람들이 다른 사람들과 함께 모여 살아가는 것처럼, 우주의 별도 혼자 덩그러니 우주 공간에 떠 있지 않고 다른 여러 개의 별과 함께 모여 있는 것을 선호합니다. 이렇게 모여 지내는 별들의 '친밀한 사회성'을 만드는 것은 중력입니다. 별들은 서로 중력을 주고받지요. 별들이 무리 지어 있는 작은 단위, 즉 별들의 마을을 성단Star Cluster이라고 합니다.

인구 밀도가 아주 높은 대도시가 있고, 한참 걸어가야 다른 행인을 만날 수 있는 여유로운 외곽 마을이 있는 것처럼 성단도 별의 밀도와 형태에 따라 크게 두 가지로 구분합니다. 수만 개에서 수십만 개 이상의 많은 별들이 오밀조밀 둥글게 모여 있는 것을 구상성단Globular Cluster이라고 하고, 수만 개 남짓의 상대적으로 적은 별들이 불규칙하게 흩어져 있는 것을 산개성단Open Cluster이라고 하죠.

많은 별들이 주먹밥처럼 둥글게 모여 있는 구상성단은 성단의 중심으로 갈수록 별들의 밀도가 높아집니다. 서로 끌어당기는 별들의 중력이 중앙으로 집중되기 때문이지요. 대도시의 중심지일수록 더 많은 사람들로 붐비는 것과 비슷합니다. 구상성단에는 붉고 노르스

름한, 나이는 약 100억 년 정도 되는 늙은 별들이 많습니다. 상대적으로 적은 수의 별들이 흩어져 있는 산개성단에서는 비교적 최근에 태어난 뜨거운 어린 별들이 푸르게 빛나지요. 이 별들의 나이는 '겨우' 수백만 년 남짓입니다. 인간 사회의 경우 인구 밀도가 낮은 외곽 지역 거주민의 평균 연령이 더 높지만, 별의 세계에서는 산개성단의 평균 연령이 더 낮답니다.

구상성단과 산개성단을 비교할 때 주의해야 할 점이 있습니다. 세월이 흐른다고 해서 어린 산개성단이 구상성단이 되는 것은 아니라는 점입니다. 두 성단은 각자 다른 환경에서 태어난 별개의 천체입니다. 산개성단의 어린 별들과 구상성단의 나이 많은 별들을 비교하는 것은, 어린 사과나무와 늙은 은행나무를 비교하는 것과 같습니다. 어린 사과나무가 시간이 지난다고 해서 늙은 은행나무가 되는 것은 아니지요. 그저 구상성단은 오래전 별들이 둥글게 모여서 형성된 마을이고, 산개성단은 비교적 최근에 어린 별들이 흩어져서 형성된 마을일 뿐입니다.

하나의 성단을 이루고 있는 별들은 모두 비슷한 시기에 함께 태어났습니다. 지금 성단이 자리하고 있는 그 자리에 과거에 존재했던 아주 거대한 우주 가스 구름이 자체 중력에 의해 조금씩 크기를 줄이며 중심으로 수축했고, 구석구석의 가스 구름 밀도가 올라가고 더 수축하면서 새로운 별들이 함께 반죽되었지요. 그래서 같은 성단을 이루고 있는 별들은 나이가 비슷한 것입니다. 게다가 우주 가스 구름 속의 성분을 공유하기 때문에 화학적 성분도 비슷하죠. 성단은

수백만 개의 별들이 둥글게 한데 모여 있는 구상성단 NGC 362의 모습.

조금 더 적은 수의 별들이 성기게 모여 있는 산개성단 페르세우스 이중성단의 모습.

비슷한 나이와 비슷한 화학적 유전자를 가진 연년생 집성[星]촌이라고 볼 수 있습니다. '유유상종'은 전 우주를 가로질러 별들의 세계에서도 통하는 보편적인 법칙인 셈입니다.

우리가 살고 있는 거대한 별 팬케이크

별들의 마을인 성단이 모여서 별들의 국가를 이룹니다. 천문학자들은 이를 은하[Galaxy]라고 부르죠. 밥알 하나를 별이라고 한다면, 그 밥알을 가득 뭉쳐서 만든 주먹밥 하나가 성단이 되고, 그 주먹밥이 한가득 모여 있는 거대한 도시락이 바로 은하가 되는 셈입니다.

우리 인류가 살고 있는 '우리은하'는 납작한 접시 모양을 하고 있는 원반은하[Disk Galaxy]에 속합니다. 우리은하의 지름은 약 10만 광년으로, 우주에서 가장 빠른 빛의 속도로 여행을 해도 무려 10만 년이 걸리는 길이입니다. 우리 인류는 수많은 성단들이 모여 있는, 지름 10만 광년짜리 거대한 빈대떡에 살고 있죠. 우리은하에서 가장 가까운 이웃인 안드로메다은하[Andromeda galaxy]도 원반은하입니다. 약 10년 전까지만 하더라도 안드로메다은하는 우리은하와 크기도 비슷하다고 여겨졌는데, 최근 추가 관측을 통해 우리은하보다 약 2배 가까이 큰 팬케이크라는 것을 새롭게 확인했습니다.

태양은 이런 거대한 빈대떡의 중심으로부터 약 2만 8,000광년 떨어진 변두리에 위치하고 있습니다. 지구와 같은 행성들이 태양 주변을 맴도는 것처럼, 태양도 우리은하 중심을 빠르게 맴돌지요. 얼마나 빠른 속도냐고요? 태양이 우리은하 변두리를 도는 속도는 시속 80만㎞랍니다. 이렇게 빠른 속도로 돌고 있는데도 우리은하가 너무 큰 탓에 태양이 은하 한 바퀴를 다 도는 데는 약 2억 5,000만 년이 넘는 시간이 걸립니다. 우리 태양은 약 50억 년 전에 태어났으니, 태양은 우리은하 주변을 약 20바퀴째 돌고 있는 중이지요.

이처럼 태양을 비롯한 우리은하의 모든 별들은 은하의 중심 주변을 빠르게 돌고 있습니다. 태양의 질량에 주변 행성들이 붙잡혀 있는 것처럼, 우리은하를 이루고 있는 모든 별들의 중력이 변두리 별들을 붙잡고 있지요. 그래서 천문학자들은 은하 변두리의 별들이 얼마나 먼 곳에서 얼마나 빠른 속도로 돌고 있는지를 관측하여 은하 전체 중력의 세기와 그 질량을 알아낼 수 있습니다.

앞서 설명했듯이 우리은하에 분포하는 모든 별들의 수를 일일이 셀 수는 없습니다. 그 대신 우리은하 전체의 질량을 추정하고 태양 정도 되는 별 하나의 질량으로 나눠서 대략 얼마나 많은 별들이 우리은하를 이루고 있는지 이야기할 수 있죠. 이렇게 추정한 우리은하 속 별의 개수는 대략 4,000억 개 정도입니다.

천차만별 다양한 모습의 은하들

우리 인류가 살고 있는 우리은하는 우주에 있는 모든 은하들 가운데 아주 작은 외딴 섬나라라고 볼 수 있습니다. 우리은하보다 수백 배 수천 배 더 거대한 대왕 은하들이 비일비재하죠.

마치 거대한 구상성단처럼 성단들이 둥근 럭비공 모양으로 모여 있는 타원은하Elliptical Galaxy는 크기가 매우 다양합니다. 원반은하를 이루는 별들은 납작한 은하 원반 위에서 강강술래를 하듯 함께 비슷한 방향으로 돌지만, 타원은하를 이루는 성단들은 벌집 주변에 무작위로 모여 있는 벌떼처럼 각자 다른 방향으로 뒤죽박죽 맴돌지요. 정해진 규칙 없이 날아다니는 벌떼를 멀리서 보면 둥글게 뭉쳐 있는 것처럼 보이듯이, 무작위로 움직이는 성단으로 이루어진 타원은하도 둥글둥글한 타원 모양으로 보이는 것입니다.

납작한 원반은하도, 둥근 타원은하도 아닌 뚜렷한 모양을 갖고 있지 않고 벗어 놓은 옷가지처럼 성단과 가스가 아무렇게나 흐트러져 있는 은하를 불규칙은하Irregular Galaxy라고 합니다. 일반적으로 불규칙은하들은 뚜렷한 형태를 갖춘 원반은하나 타원은하의 10분의 1에서 100분의 1 정도로 규모가 작습니다. 이렇게 크기가 작은 은하는 왜소은하Dwarf Galaxy라고 분류하기도 하며, 왜소은하는 대부분 불규칙은하입니다.

우리은하 곁에도 왜소한 불규칙은하가 있습니다. 아쉽게도 우리나라가 위치한 북반구 밤하늘에서는 볼 수 없지만 호주 등 남반구

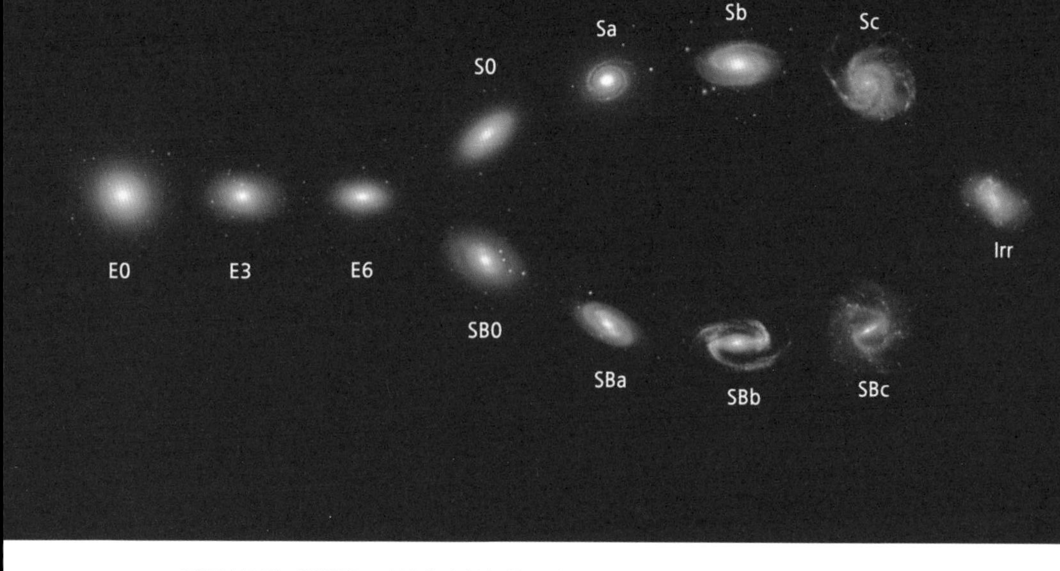

우주에 분포하는 은하들을 그 형태에 따라 분류한 그림. 둥근 타원은하와 납작한 원반은하로 나뉘고, 원반은하는 다시 중심에 막대 구조가 있는지 없는지에 따라 막대나선은하와 일반나선은하로 구분한다. E는 타원은하를 의미하며, 그 뒤의 숫자는 타원은하가 더 찌그러진 타원이 될 수록 더 커진다. S는 나선팔을 갖고 있는 원반은하를 의미하며, SB는 원반은하 중에서 중심에 막대 구조를 갖고 있는 막대나선은하를 의미한다. 또 원반은하들은 주변 나선팔이 더 풀린 모습을 가질수록 a에서 b, c 순으로 알파벳을 붙인다. 마지막 Irr은 원반도 타원은하도 아닌 명확하지 않은, 불규칙은하를 의미한다.

에서는 도시에서도 육안으로 크고 작은 두 개의 불규칙은하를 잘 볼 수 있지요. 이 두 은하는 배를 타고 지구를 한 바퀴 돌았던 스페인의 모험가 마젤란Fernand Magellan, 1480~1521의 이름을 따서 대마젤란은하Large Magellan Galaxy 그리고 소마젤란은하Small Magellan Galaxy라고 부릅니다. 망원경이 없던 과거에는 이 천체를 별과 가스가 모여 있는 은하가 아니라 하늘에 떠 있는 뿌연 구름이라고 여겼죠. 그래서 마젤란운Magellanic Cloud이라고 부르기도 합니다.

급이 다른 '천문학적' 숫자

우주에서 중력은 모든 천체들을 이어 주는, 즉 우주의 사교성을 구성하는 가장 중요한 힘입니다. 모든 천체는 자신의 덩치에 비례해 주변에 중력을 행사하죠. 질량이 무거운 천체일수록 주변 천체를 더 강한 중력으로 붙잡아 놓을 수 있습니다.

태양과 같은 별들 주변에는 행성들이 맴돌고 있고, 그런 별들이 서로의 중력으로 다시 성단을 구성합니다. 이 성단은 더 거대한 은하 전체의 중력에 붙잡힌 채 주변을 빠르게 맴돌지요. 은하들도 중력으로 서로를 끌어당기며 주변을 맴돌고요. 이렇게 복잡하게 얽힌, 돌고 도는 지구 위에 살면서 멀미를 느끼지 않을 수 있다니 얼마나 다행인지 모릅니다.

하나의 은하에는 수천억 개에서 수조 개에 이르는 굉장히 많은 별들이 있습니다. 이제 우주 전체의 별의 총 개수를 세기 위해서는 우주에 이런 은하가 또 얼마나 많이 있는지 가늠해야 합니다. 우리은하, 그리고 그 곁의 안드로메다은하와 주변의 마젤란은하 등 크고 작은 은하들이 몇 개 모여 있는 작은 그룹을 은하군Galaxy Group이라고 합니다.

이보다 더 많은 은하들이 모여 있는 것은 은하단Galaxy Cluster이라고 부르고, 그 은하단이 다시 여러 개 모여서 초은하단Super Galaxy Cluster을 구성합니다. 현재 천문학자들은 망원경으로 우주의 모든 방향을 샅샅이 살피며 방대한 지도를 그리고 있습니다. 우리가 관측 가능한 우주 안에 얼마나 많은 은하들이 존재하는지를 파악하려는 것이지요.

2014년 천문학자들은 우주의 은하 지도를 새롭게 확장하면서, 우리 인류에게 가장 거대한 우주적 주소를 부여했습니다. 우리은하를 포함해 약 10만 개의 은하들이 약 5억 광년 크기의 거대한 초은하단을 이루고 있다는 사실을 알아낸 것입니다. 천문학자들은 우리 인류가 살고 있는 이 초은하단에 하와이 방언으로 '천국'을 의미하는 라니아케아Laniakea라는 별명을 붙였습니다.

보통 하나의 은하 안에는 별들이 수천억 개씩 모여 있습니다. 그리고 우리가 살고 있는 이 라니아케아 초은하단을 포함해 우리가 현재 볼 수 있는 즉 관측 가능한 우주 전체에는 그런 은하가 수천억 개나 흩어져 있습니다.

이 결과를 종합하면 지금까지 확인된 별의 총 개수는 수천억에 수천억을 곱한 만큼의 개수라고 볼 수 있습니다. 즉 우주에 있는 관측 가능한 모든 별들의 수는 10,000,000,000,000,000,000,000개로, 뒤에 0이 22개나 붙어 그 단위를 뭐라고 불러야 할지도 알 수 없는 아주 큰 값입니다. 그야말로 '천문학적'인 수치지요.

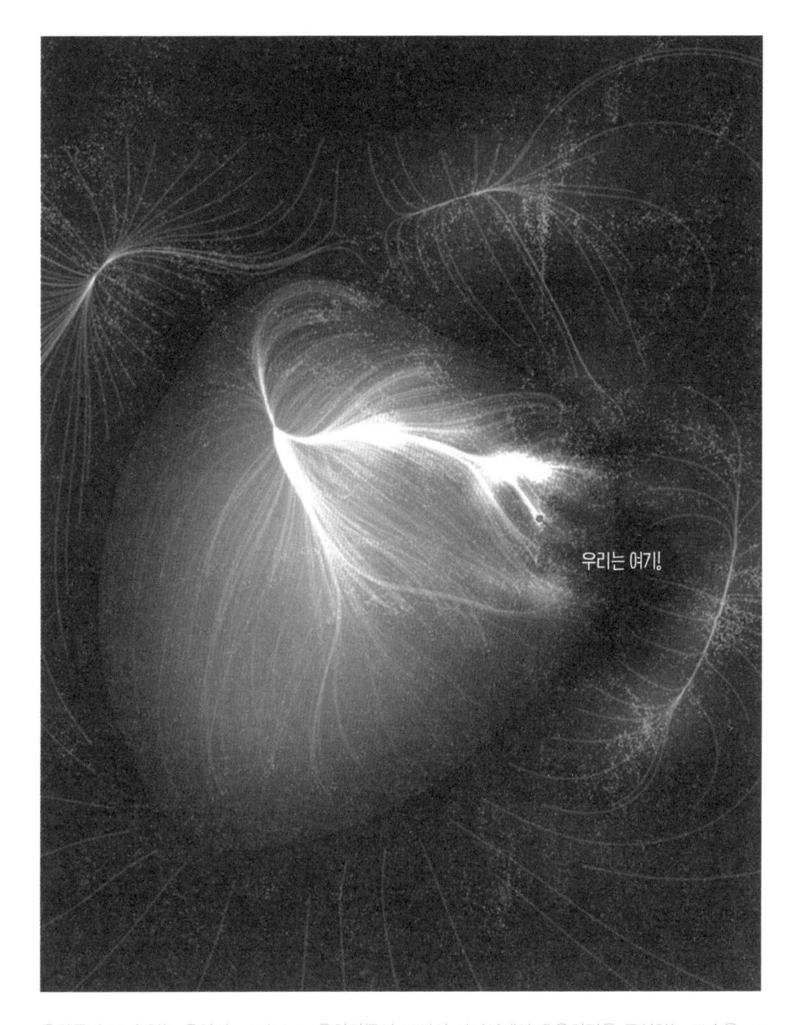

은하들이 모여 있는 은하단, 그리고 그 은하단들이 모여서 라니아케아 초은하단을 구성하는 모습을 그린 지도다. 그림 속 작은 점 하나하나가 모두 은하들이고, 그 은하들이 움직이는 운동 경로가 하얀 선으로 이어져 있다. 우리가 살고 있는 우리은하의 위치는 그림에 빨간 선으로 표시되어 있다. 그러니 지구에 사는 우리의 주소를 우주적으로 적어 보자면, '우주–라니아케아 초은하단–처녀자리 은하단–국부은하군–우리은하–태양계–지구–대한민국–…'이 될 것이다.

모래알 속 작은 우주

우리가 관측할 수 있는 우주 안에 분포하는 모든 별의 개수를 어림해 봤으니, 여기서 한 가지 간단한 퀴즈를 풀어 볼까요? 이렇게 넓은 우주에는 굉장히 많은 수의 별들이 있습니다. 그렇다면 우주에 있는 별들의 개수와 지구 전체의 모래알의 개수 중 어느 것이 더 많을까요? 우주가 넓기는 하지만, 모래알의 크기가 아주 작다는 걸 생각하면 모래알의 개수도 만만치 않을 것 같습니다. 무척 고민스러운 퀴즈이지만, 한번 같이 풀어 보도록 하죠.

가로, 세로, 높이가 각각 1㎝인 상자 안에는 평균적으로 약 8,000개의 모래알이 들어갑니다. 이보다 1,000배 더 부피가 큰 1㎥짜리 상자 안에는 약 800만 개의 모래알이 들어가고요. 따라서 지구 전체의 해변에 있는 모래밭 부피를 추정하면 지구에 있는 모래알 전체의 개수를 추정할 수 있습니다.

최근 지구를 관측한 영상에 따르면 지구에 있는 전체 모래밭의 부피는 대략 700조m^3라고 합니다. 따라서 여기에 1m^3당 들어가는 모래알의 개수를 곱해 보면 지구에 있는 모든 모래알의 개수를 추정할 수 있지요. 이렇게 계산된 전체 모래알의 개수는 대략 5,000,000,000,000,000,000,000개 정도로, 뒤에 0이 21개나 붙는 큰 숫자입니다. 하지만 앞서 추정했던 우주 전체 별의 개수의 약 절반 정도밖에 안 되죠. 각각의 개수를 알아보았으니, 이제 자신 있게 이야기해도 되겠습니다. 우주의 별들은 지구의 모래알보다 더 많다고요.

손바닥 위에 쥐는 한움큼의 모래 속에는 우주만큼 복잡한 세상이 들어 있다.

여기서 한 가지 더 흥미로운 계산을 해 보려고 합니다. 우주의 모든 물질은 아주 작은 원자들이 모여 만들어진 것입니다. 그렇다면 작은 모래알 하나 안에는 얼마나 많은 수의 원자들이 들어 있을까요? 이 역시 모래알 하나의 질량과 물리학자들이 밝혀낸 원자 하나의 질량을 비교해 추정할 수 있습니다.

이렇게 추정한 모래알 하나에 든 원자의 개수는 놀랍게도 앞서 계산했던 별의 총 개수보다 약 10배 정도 많습니다. 즉 모래알 하나에는 우주에 존재하는 관측 가능한 모든 별의 개수보다 더 많은 수의 원자가 들어 있는 것이지요! 원자 하나하나에게는 모래알조차 광활한 우주처럼 느껴질 것입니다.

최근 천문학자들은 인접한 안드로메다은하를 새롭게 관측해 얻은 초고해상도 영상을 공개했다. 아주 멀리 떨어진 안드로메다은하 속에서 빛나는 별들을 하나하나 구분하여 볼 수 있을 정도다.

우리가 품고 있는 또 다른 우주

모두들 어릴 적 "바윗돌 깨뜨려 돌덩이 / 돌덩이 깨뜨려 돌멩이 / 돌멩이 깨뜨려 자갈돌 / 자갈돌 깨뜨려 모래알"이라는 가사의 동요를 불러 본 적이 있지요. 천문학자들도 광활한 우주를 조금 더 쉽게 받아들이기 위해 우주의 단위를 세분화한답니다. 만약 그 동요의 노랫말에 우주를 대입해 본다면 다음과 같을 것입니다.

별들이 모여서 성단
성단이 모여서 은하
은하가 모여서 은하단
은하단 모여서 초은하단

우리의 일상적인 도량형에서 한참 벗어난 우주를 제대로 맛보기 위해서는 우선 그동안 몸에 밴 습관을 버리고 탈지구적인 도량형에 적응해야 합니다. '모래', '바위'라고만 이야기해도 대략 어느 정도 크기를 이야기하는지 바로 떠올릴 수 있는 것처럼, '성단', '은하단'이라고 했을 때 어느 정도 크기의 우주 공간일지 상상하는 연습을 해 보세요. 그 넓은 우주를 가득 채우고 있는 수많은 별들, 또 그 많은 별보다 더 많은 수의 원자들이 모여 있는 작은 모래알까지… 거대한 숫자를 품고 있는 자연의 아름다움을 느껴 보세요.

천문학적으로 장담할 수 있는 것이 한 가지 있습니다. 모래알보다 훨씬 큰 덩치를 갖고 있는 우리의 몸에는 당연히 모래알 하나보다 더 많은 수의 원자가 모여 있다는 사실 말입니다. 즉 우리 몸속에는 우주 전체에 존재하는 별의 총 개수를 훨씬 압도하는 정말 많은 수의 원자들이 모여 있는 것이지요. 우리는 우주 속에서 살아가며 우주를 상상하는 또 다른 작은 우주입니다.

1문 1답
정리 노트

Q. 행성은 별일까요?

'별'은 스스로 빛을 내며 타오르는 거대한 가스 덩어리만을 말합니다. 행성은 별이 아니에요!

Q. 별의 개수는 어떻게 셀 수 있을까요?

은하 변두리의 별들이 얼마나 먼 곳에서 얼마나 빠른 속도로 돌고 있는지를 관측하면 은하 전체 중력의 세기와 그 질량을 알아낼 수 있습니다. 이 방법으로 별이 여러 개 모여 있는 그룹들의 전체 질량을 측정하여 별 하나의 평균적인 질량으로 나눠 주면 그 그룹 안에 별이 얼마나 많이 모여 있는지 짐작할 수 있어요.

Q. 별들도 무리를 이루고 산다고요?

별들은 중력 때문에 함께 모여 있게 돼요. 별들이 무리 지어 있는 작은 단위를 성단이라고 하는데, 별들이 오밀조밀 둥글게 모여 있는 것을 구상성단이라고 하고 불규칙하게 흩어진 것을 산개성단이라고 해요. 이 성단이 모여서 별들의 국가가 되는데, 그걸 은하라고 불러요. 이보다 더 많은 은하가 모인 것은 은하단, 그 은하단이 여러 개 모인 것은 초은하단이라고 부릅니다.

Q. 우리 태양계는 어느 초은하단에 속해 있을까요?

우리는 라니아케아 초은하단에 속해 있어요! 하와이 방언으로 '천국'이라는 의미랍니다.

02

왜 우리는 지구가 도는 걸 느끼지 못할까?

#지구의운동 #중력 #24시간이모자라

#지구가멈추는날 #복잡해 #시간여행

사실 지구는 엄청 빠르게 돌고 있다

우리는 평생을 우리의 고향, 푸른 행성 지구에서 살아갑니다. 지구는 돌지요. 태양을 중심으로 1년에 한 바퀴씩 공전Revolution하고, 또 지구는 자신의 중심을 관통하는 축을 중심으로 하루에 한 바퀴씩 자전Rotation합니다. 우리는 그 빙글빙글 돌고 있는 지구 위에서 살아가는 것이죠. 하지만 수세기 전, 오랫동안 많은 사람들은 이 이야기를 믿지 않았습니다. '지구가 그렇게 복잡하고 빠르게 돌고 있다면, 그 위에 살고 있는 우리는 어떻게 전혀 어지럽지 않은 거지? 지구가 돌고 있는 것이 맞아? 어떻게 확신할 수 있어?'

지구는 반지름 길이가 6,000㎞ 이상인 거대한 공입니다. 실제로는 산이나 바다 같은 지형에 의해 공보다 조금은 굴곡이 있고 찌그러져 있지만 멀리서 보면 거의 공이라고 생각할 수 있죠. 이런 거대한 크기의 암석 공이 24시간에 한 바퀴씩 자전하는 게 사실이라면, 자전축으로부터 가장 먼 적도 지방에 살고 있는 사람들은 대략 시속 1,700㎞의 속도로 도는 지구 표면 위에 발을 붙이고 있는 셈입니다.

그러면 자전축과 가장 가까운 남극이나 북극은 어떨까요? 여러분이 남극이나 북극의 자전축이 관통하는 지점에서 팔을 넓게 벌리고 선다고 가정해 봅시다. 지구 바깥에서 여러분을 봤을 때 양쪽으로 쭉 뻗은 팔은 24시간 동안 360도, 즉 한 바퀴를 도는 것처럼 보일 것입니다. 사람이 쭉 뻗은 양팔의 평균적인 길이를 생각하면, 지구 자전축 바로 위에 서서 팔을 벌린 여러분의 양손은 시속 1㎞ 조금 안

되는 속도로 돌게 되지요.

지구가 1년에 한 바퀴씩 태양 주변 궤도를 도는 공전에 대해 생각해 보면, 지구의 질주는 더 위험천만하게 느껴집니다. 지구는 태양에서 약 1억 5,000만km 떨어져 있지요. 지구 궤도의 반지름이 대략 이 정도라는 의미입니다. 태양과 지구 사이에는 지구가 천만 개 넘게 들어갈 수 있습니다.

이렇게 거대한 둥근 궤도를 지구는 1년, 고작 365일 만에 완주합니다. 지구가 태양 주변을 맴도는 공전 속도를 계산해 보면 거의 시속 11만km나 됩니다. 이는 우리나라에서 가장 빠른 기차인 KTX(시속 약 300km)에 비해 360배 이상, 세계에서 가장 빠른 전투기인 X-15(미군이 보유한 전투기로 시속 7,000km를 낼 수 있습니다.)에 비해 15배 이상 빠른 속도입니다.

정말 우리가 이렇게 빠르게 도는 지구 위에 달라붙어 있다면, 적도에 사는 사람들은 머리 끝을 향해 몸속의 모든 피가 쏠리면서 얼굴이 붉게 물들어야 하지 않을까요? 게다가 이렇게 빠른 속도로 지구가 태양 주변 우주 공간을 질주하고 있다면, 우리는 지구 표면에서 떨어져 나가야 하는 것 아닐까요? 하지만 우리는 지구의 자전 때문에 평생 귀밑에 멀미약을 붙이고 다닌다거나, 지구 표면 바깥으로 날아갈까 걱정하며 살아가지는 않습니다. 우리는 지구의 자전이나 공전을 느끼지 못하죠. 어떻게 지구는 이처럼 제자리에서, 그리고 태양 주변을 빠르게 맴돌면서 편안한 승차감을 자랑할 수 있는 것일까요?

일정하게 달리는 버스 안에서

시내버스를 타고 동네 구석구석을 돌아다닐 때 우리는 쉬지 않고 몸이 휘청거리는 느낌을 받습니다. 정류장에 가까워지면 급하게 멈추고, 다시 다음 정류장을 향해 가면서 급하게 속도를 올리기 때문입니다. 짧은 간격으로 정류장이 배치된 마을버스나 시내버스는 속도를 급하게 올리고 줄이는 것을 반복합니다. 가속도가 계속 변하는 것이지요. 그래서 우리 몸은 가속도의 변화에 따라 흔들거리고 휘청이게 되는 것입니다.

이번에는 텅 빈 고속 도로를 빠르게 달려가는 고속버스를 생각해 볼까요? 우리는 어느 정도 시간이 지나면 버스가 빠르게 달리고 있다는 사실을 잊어버리게 됩니다. 버스가 처음 출발해 속도를 올릴 때, 그리고 휴게소와 도착지 앞에서 속도를 급하게 줄일 때는 시내버스와 마찬가지로 몸이 흔들리는 느낌을 받습니다. 하지만 도로를 거의 일정한 속도로 달리고 있을 때 우리 몸은 아무런 불편함을 느끼지 않지요. 지구가 하루에 한 바퀴씩 빠르게 자신의 거대한 몸을 돌리고 있음에도 우리가 그 속도를 느끼지 못하는 이유는 바로 이것입니다. 우리 지구가 거의 일정한 속도로 자전하고 있기 때문이지요.

지구가 어떻게 자전을 시작하게 되었는지에 대해서는 여러 가설이 있습니다. 태양계가 처음 만들어지고 지구가 탄생할 때부터 갖고 있던 회전력을 계속 유지하고 있다는 가설과 오래전 큰 소행성과 충돌하면서 돌기 시작했다는 가설 등 다양하지요. 어떻게 자전을 시작하게 된 것인지 아직은 확실히 알 수 없지만, 마치 텅 빈 고속 도로 위를 달리는 고속버스처럼 우리 지구가 거의 일정한 속도로 가속도 없이 자전하고 있다는 것과 그러니 우리는 멀미를 하게 될까 염려하지 않아도 된다는 것은 확실합니다.

물론 지구의 적도 지방과 극지방은 자전축에서 떨어진 거리, 회전 반지름이 다릅니다. 그래서 엄밀하게 말하면 지구 어디에서 살고 있느냐에 따라 느끼게 되는 지구의 자전 속도가 달라진다고 할 수 있습니다. 적도 지방에서 가장 위도가 높은 극지방까지, 위도별로 자전 속도는 시속 1,700㎞에서 0㎞까지 확연하게 차이가 납니다. 실제로 우리가 길거리에서 한 발자국씩 걸어가면, 우리 몸이 느끼게 되는 지구 자전의 선속도는 조금씩 차이가 나게 됩니다. 하지만 우리의 보폭은 지구의 크기에 비하면 아주 미미하기 때문에 걸어갈 때마다 휘청거릴 걱정은 하지 않아도 되지요.

그러나 훨씬 더 빠른 속도로 위도를 달리하면서 위아래로 이동한다면, 충분히 지구의 자전 효과를 느낄 수 있습니다. 지표면 위를 빠르게 이동하는 구름들은 지구 자전의 영향을 많이 받지요. 지구는 북극을 위에서 내려다봤을 때 반시계 방향으로 돌고 있습니다. 그래서 적도에서부터 북쪽으로 쭉 이동하는 구름들은 계속 오른쪽으로 방향이 틀어지고, 적도에서부터 남쪽으로 쭉 이동하는 구름들은 계속 왼쪽으로 방향이 틀어지게 됩니다. 이렇게 바람의 방향이 틀어지는 것은 실제로 그쪽 방향으로 미는 힘이 존재하기 때문은 아닙니

지구는 매일 하루에 한 바퀴씩 중심축을 중심으로 자전한다. 그래서 별, 태양, 달 모두 동쪽 지평선에서 떠올라 서쪽 지평선으로 저무는 것처럼 보인다. 사실 하늘이 도는 것이 아니라 지구가 돌기 때문에 하늘이 도는 것처럼 보일 뿐이다. 오랜 시간 동안 밤하늘을 촬영하면 별들이 뜨고 지면서 그리는 둥근 궤적을 담을 수 있다. 특히 북쪽 밤하늘을 바라보면 북극성을 중심으로 둥글게 도는 별들의 궤적을 볼 수 있다.

다. 단지 지구의 자전에 의해 마치 바람의 방향을 바꾸게 하는 힘이 존재하는 것처럼 보일 뿐이지요. 이렇게 제자리에서 회전하는 세계 위에서 느껴지는 힘을 전향력, 코리올리 힘Coriolis force이라고 합니다.

전향력의 방향이 다르기 때문에 북반구와 남반구에서 형성되는 태풍의 구름은 서로 반대 방향으로 휘어갑니다. 적도 지방의 습하고

2002년 9월 1일 북반구 캘리포니아 바자 해역을 휩쓸었던 태풍을 미국항공우주국의 아쿠아(Aqua) 기상 위성으로 촬영한 모습. 북반구에서 휘몰아치는 태풍이 반시계 방향으로 휘감긴 것을 볼 수 있다.

2004년 3월 27일 남반구 브라질의 히우그란지두술(Rio Grande do Sul) 지역 해안을 휩쓸었던 태풍(사이클론)의 모습을 미국항공우주국의 아쿠아 기상 위성으로 촬영한 모습. 남반구에서 휘몰아치는 태풍은 시계 방향으로 휘감긴 것을 볼 수 있다.

더운 공기가 상승하면서 북쪽과 남쪽으로 이동할 때 형성되는 태풍은 열대성 저기압입니다. 주변의 공기가 태풍의 중심을 향해 빠르게 모여들면서 위로 상승하게 되죠. 지구의 자전에 의한 전향력을 진행 방향의 오른쪽으로 받게 되는 북반구의 태풍은 태풍의 눈을 향해 구름이 반시계 방향으로 감겨 들어갑니다. 반대로 진행 방향의 왼쪽으로 전향력을 받는 남반구의 태풍, 즉 사이클론은 태풍의 구름이 시계 방향으로 감겨 들어갑니다.

간혹 이런 전향력 차이 때문에 변기나 세면대에서 물이 빠지는 방향이 북반구와 남반구의 집에서 서로 다르게 나타난다고 생각하는 사람들도 있습니다. 하지만 전향력은 태풍처럼 아주 거대하고 빠른 규모로 이동하는 경우에만 느낄 수 있고, 변기나 세면대로는 바로 확인할 수 없습니다.

계단을 올라가면 하루가 길어진다

다행히 지구의 자전 속도가 일정하여 우리는 멀미를 느끼지 않지만, 자전 속도의 변화가 전혀 일어나지 않는 것은 아닙니다. 이렇게 거대한 지구의 자전에 영향을 주는 것에는 무엇이 있을까요? 놀랍게도 바로 여러분이 지구의 자전 속도를 아주 미세하게 키우거나 줄일 수 있답니다.

지구를 비롯해 모든 회전하는 것들은 계속 돌던 대로 회전하려고 하는 관성이 있습니다. 이를 회전 관성Inertia of moment이라고 하지요. 회전 관성은 회전하는 반지름이 길수록, 그리고 회전하는 속도가 더 빠를수록 커집니다. 천천히 도는 팽이처럼 크기가 작고 회전 속도가 느린 물건은 우리가 쉽게 회전을 멈출 수 있습니다. 계속 하던 회전을 유지하려는 정도, 회전 관성이 작기 때문이죠. 반대로 놀이동산의 놀이 기구처럼 크고 빠른 속도로 회전하는 물건은 단순히 붙잡아서는 회전을 멈추기 어렵습니다. 회전을 유지하려는 회전 관성이 훨씬 크기 때문이지요. 아마 한참을 끌려가고 나서야 회전을 조금 늦출 수 있을 것입니다.

이러한 현상은 얼음판 위를 아름답게 움직이는 피겨 스케이팅 선수들의 모습에서도 확인할 수 있습니다. 피겨 스케이팅 선수가 팔을 쭉 벌리고 천천히 회전을 하기 시작합니다. 회전 반경을 길게 하여 처음의 회전 관성을 크게 만들기 위해서이지요. 그러고 나서 팔을 안으로 굽히며 반지름을 줄이면, 줄어든 반지름만큼 회전 속도가 빨라지면서 화려한 스핀 기술을 선보일 수 있습니다.

회전하던 물체의 회전 반지름이 길어지면 회전이 느려지고, 회전 반지름이 짧아지면 회전이 빨라진다는 사실을 이용하여, 여러분도 자전 속도를 변화시킬 수 있습니다. 만약 여러분이 건물의 계단을 따라 위로 올라가면, 여러분의 미미한 체중만큼의 질량이 지구 자전축에서 아주 미세하게 멀어지게 됩니다. 이때 지구는 피겨 스케이팅 선수가 다시 팔을 벌릴 때와 같은 경험을 하게 되죠. 바로 자전 속도가 아주 미세하게 느려지는 것입니다! 계단을 따라 위로 올라갔기 때문에 말이에요! 반대로 여러분이 높은 건물에서 엘리베이터를 타고 내려가거나, 산에서 내려온다면 미미한 체중만큼의 질량이 다시 지구 자전축으로 가까워지기 때문에, 이번에 지구는 피겨 스케이팅 선수가 팔을 안쪽으로 모을 때와 같은 느낌을 받게 됩니다. 자전 속도가 아주 미세하게 다시 빨라지는 것이지요.

즉 우리가 건물을 위아래로 오르내릴 때마다 지구의 자전 속도는 변합니다. 우리 행성의 하루 길이가 조금씩 변화하는 셈이지요. 위로 올라갈 때는 하루가 길어지고, 아래로 내려갈 때는 하루가 짧아집니다. 우리 모두가 지구의 하루 길이에 영향을 주고 있다니, 멋진 일이 아닌가요!

24시간이 모자라

숙제를 하고, 친구들과 놀고, 잠을 자고 나면 하루가 금세 지나가 버립니다. 우리는 가끔 하루 24시간이 너무 짧다고 느끼곤 합니다. 여유 시간이 더 있다면 더 오랫동안 하고 싶은 것들을 할 수 있을 텐데… 24시간은 너무 부족합니다. 그래서 우리는 가끔 하루가 더 길어지기를 바랍니다. 지구의 자전 속도가 느려지고, 매일 태양과 달이 뜨고 지는 간격이 길어진다면 우리는 훨씬 더 여유롭게 살 수 있지 않을까요?

너무 아쉬워할 필요는 없습니다. 우리의 이러한 소원은 현재 계속 이루어지고 있거든요. 이 소원을 이루어 주는 주인공은 바로 달입니다.

앞에서 우리가 계단을 오르내릴 때마다 자전 속도가 아주 미미하게 변화한다고 이야기했지요. 우리보다 지구의 자전에 훨씬 더 큰 영향을 주는 녀석이 있습니다. 지구 주변을 대략 한 달에 한 바퀴씩 맴도는 달입니다.

달과 지구는 서로 중력에 의해 붙잡혀 있습니다. 우리는 흔히 조금 더 큰 지구가 달을 '붙잡고' 있다고 생각하지만, 중력은 한쪽으로 끌어당기는 힘이 아니라 질량을 가진 두 물체가 서로를 '함께 끌어당기는' 힘입니다. 즉 지구도 달을 붙잡고 있고, 달도 똑같은 정도로 지구를 붙잡고 있습니다.

달과 지구 사이는 아주 멀리 떨어져 있습니다. 달과 지구 사이에 지구가 30개도 넘게 들어갈 만큼, 혹은 태양계 나머지 행성들이 모두 들어가고도 남을 만큼이지요. 물론 우리는 달의 중력을 직접 느낄 수는 없습니다. 하지만 달이 지구를 잡아당기고 있다는 사실, '달의 중력'을 분명히 확인할 수 있는 장소가 있습니다. 바로 바닷가입니다.

중력은 질량을 지닌 두 물체의 사이가 가까울수록 더 강하게 작용합니다. 그래서 달이 지구에게 가하는 중력은 지구의 전 지역에서 정확히 똑같지는 않습니다. 달과 바로 마주보고 있는 쪽과 등지고 있는 쪽이 달로부터 떨어진 거리는 딱 지구의 크기 정도입니다. 달과 가까운 지구 표면에는 달의 중력이 더 강하게 작용합니다. 반대로 지구의 크기만큼 달로부터 더 떨어진 반대편의 표면은 달의 중력을 약하게 느끼지요. 달을 향하고 있는 바닷물은 더 많이 끌려가고, 달을 등지고 있는 반대쪽 바닷물은 덜 끌려갑니다. 양쪽 바닷물 사이에 끼어 있는 지구의 딱딱한 몸은 그 중간만큼 끌려가고요.

지구의 입장에서는 달을 향한 쪽과 등지고 있는 쪽에 다르게 작용하는 달의 중력 때문에, 양쪽 힘의 차이만큼 마치 지구를 양쪽으로 벌리는 느낌을 받게 됩니다. 이처럼 양쪽의 중력 차이에 의한 힘을 조석력기조력, Tidal force이라고 합니다.

지구를 양쪽으로 잡아당기는 듯한 달의 조석력에 의해 달을 향한 쪽과 달을 등지고 있는 바닷물이 양쪽으로 조금 솟아오릅니다. 바로 이 지역에 위치한 바닷가에서는 바닷물이 몰리면서 해안선 안으로 넘어오는 밀물을 경험합니다. 그 사이에서 바닷물이 양쪽으로 빠지면서 줄어드는 지역의 바닷가에서는 바닷물이 해안선에서 물러나는 썰물을 경험하지요. 달이 바닷물을 끌어당기면서 도는 덕분에 조수 차이가 발생하고 갯벌이 만들어집니다. 우리가 바지락 칼국수를 맛있게 먹을 수 있는 것은 모두 달 덕분입니다!

그런데 이런 달의 작용 때문에 지구의 자전이 계속 조금씩 느려지고 있습니다. 지구는 자신의 자전축을 중심으로 제자리에서 하루에 한 바퀴씩 돌려고 하지만, 달에 붙잡혀 움직이는 바닷물은 한 달에 한 바퀴씩 도는 상대적으로 느린 달과 함께 움직이려고 합니다. 즉 지구의 딱딱한 암석 부분과 그 안에 고여 있는 바닷물의 회전 속도가 어긋나게 되는 것이지요. 지구의 딱딱한 몸은 빨리 회전하려고 하지만 그 안에 고여 달에 붙잡혀 있는 바닷물은 계속 늑장을 부립니다. 바닷물에 의해 지구의 자전이 계속 방해를 받는 것입니다.

해저에서는 바닷물과 암석의 속도가 계속 어긋나고 있습니다. 그래서 마치 자전거의 브레이크를 밟듯이 지구의 해저 바닥에서는 달에 붙잡힌 바닷물에 의해 마찰력이 발생합니다. 소금기 가득한 바닷물 속에서 지구의 자전축은 조금씩 녹슬어 가고 자전은 느려지고 있지요.

그렇다면 얼마나 느려지고 있는 걸까요? 달에 의해 지구는 100년마다 0.002초씩 하루가 길어지고 있습니다. 이 변화는 지금도 계속되고 있고요. 공룡이 지구를 활보하던 중생대에는 지구의 자전 속도가 지금보다 약간 빨랐습니다. 공룡들의 하루는 우리의 하루보다 한 시간 짧은 23시간이었지요. 공룡들은 아마 우리보다 바쁜 하루를 보냈을 거예요.

과거 지구의 더 느렸던 자전 속도는 화석에서 확인할 수 있습니다. 바닷속 산호들은 낮과 밤에 성장 속도가 다르고, 그에 따른 성장선을 나이테처럼 남기기 때문에 산호가 살던 당시의 하루 길이를 유추할 수 있습니다. 산호 화석은 생존해 있었던 때에, 즉 4억 년 전에 22시간짜리 하루를 보냈습니다.

계속 지구의 자전이 조금씩 느려지고, 하루의 길이가 조금씩 길어져서 지금 우리는 24시간짜리 하루를 누릴 수 있게 되었습니다. 현재의 24시간이 너무 모자라서, 한 시간만이라도 더 긴 하루를 즐기고 싶다면 지구에서 오래 살면 됩니다. 약 2억 년 정도요!

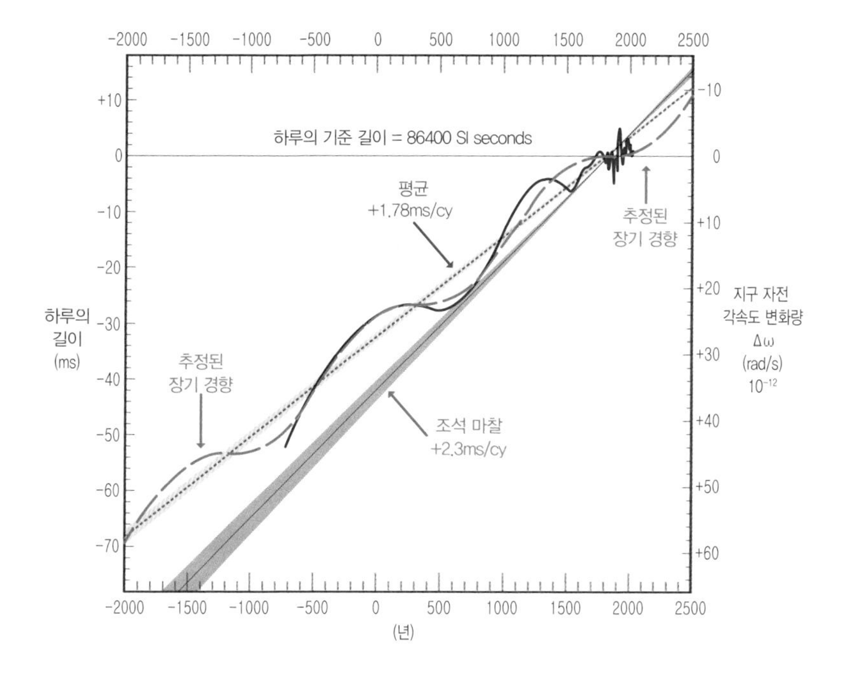

고대 바빌로니아, 중국, 유럽, 아랍 문헌의 일식 등 다양한 천문 현상에 대한 기록을 바탕으로 오래전 하루의 길이를 유추했다. 그리고 과거부터 최근까지 하루의 길이가 어떻게 변화했는지를 비교했다. 그래프의 가로축은 기원전 2000년부터 이어지는 시간을 나타내며, 그래프의 세로축은 오늘날에 비해 과거 시점의 하루의 길이(LOD, Length of Day)가 얼마나 길거나 짧았는지를 의미한다. 오른쪽의 세로축은 지구의 자전 속도 변화를 보여준다. 해가 갈수록 지구의 자전 속도가 느려지면서 하루의 길이가 늘어난다. 붉은 선은 고대 기록을 바탕으로 유추한 하루의 길이 변화로, 100년에 0.00178초씩 하루가 길어지는 변화를 의미한다. 회색 음영으로 나타낸 것은 달에 의한 조석 마찰의 영향을 고려했을 때 계산되는 하루의 길이 변화 추세로 100년에 0.0023초씩 하루가 길어지고 있음을 나타낸다.

2억 년 뒤 우리의 후손들은 지금의 우리보다는 더 여유로운 하루를 즐기게 될지 모릅니다. 하지만 하루가 길어진다고 마냥 좋아할 일은 아닙니다. 길어진 하루만큼 1년의 날 수는 더 줄어들기 때문이죠. 2억 년 후 후손들의 1년은 350일 남짓이 될 것입니다. 미래 시계의 시침은 한 칸 더 늘어나겠지만, 그만큼 달력은 짧아질 거예요.

지구가 멈추는 날

달에 붙잡힌 바닷물과 지구의 몸이 겨루는 마찰력이 계속 누적되면, 지구의 자전이 결국 멈추게 되는 순간이 올 것입니다. 말 그대로 '지구가 멈추는 날'이 오는 것이지요. 그때까지 지구가 사라지지 않고 그대로 남아 있다면요. 지구가 자전을 멈추고, 끝나지 않는 영원한 하루를 맞이하게 된다면 지구에서는 무슨 일이 벌어질까요?

우선 지구가 자전을 멈추면 지구 표면 위에 있는 모든 것들은 더 이상 원심력을 느끼지 않게 됩니다. 사실 우리를 땅에서 떨어지지 않게 붙잡고 있는 힘은 지구의 중력만이 아닙니다. 우리를 지구 중심으로 잡아당기는 지구의 중력과, 자전하는 지구에 의해 바깥으로 떨어져 나가는 듯 느껴지는 원심력이 합해진 힘입니다. 우리는 빠르게 자전하는 지구 덕분에, 지구가 잡아당기는 본래의 중력보다는 조금 작은 힘으로 붙잡혀 있습니다. 따라서 지구가 자전을 멈춘다면, 그만큼 우리는 전에 느낄 수 없었던 조금 더 강한 지구의 중력을 느끼게 되지요.

또 지구의 자전이 멈추면, 거리가 짧을수록 강하게 작용하는 중력에 의해 지구 위의 모든 것은 자전축에서 멀리 떨어진 적도 지방을 떠나 자전축에 아주 가까운 극지방을 향해 쏠리게 됩니다. 잘 흘러갈 수 있는 지구의 바다도, 심지어 지구의 공기도 모두 적도 지방을 벗어나 북쪽 끝과 남쪽 끝을 향해 모이게 됩니다. 적도 지방의 바닷물은 모두 사라져, 결국 바닥을 드러낼 것입니다. 그리고 지구의 위아래로 흘러간 바닷물에 의해 북반구와 남반구 지방 대부분은 바닷물 속으로 침수되어 해저 도시가 될 테고요. 새롭게 흘러온 바닷물 수면 위로 고도가 높은 지역만 섬처럼 남게 될 거예요.

바닷물이 쏠리는 것보다 더 큰 문제는 공기가 위아래로 쏠리는 현상입니다. 결국 적도 지방은 바다도 메마르고, 심지어 숨쉴 수 있는 공기마저 모두 사라진 황폐한 지역이 될 것입니다. 만약 우리의 미래 후손들이 그런 끔찍한 순간을 맞이하게 된다면, 공기와 물이 적당히 모여 있으면서도 너무 춥지 않은 중위도 지방에서만 겨우 살아갈 수 있을지 모릅니다. 그런 점에서 우리나라는 위치 선정이 꽤 좋은 편이지요.

이보다 더 나쁜 상황을 상상해 볼까요? 100년에 0.002초씩이 아니라, 갑자기 지금 이 순간 지구의 자전이 멈춘다면 어떤 일이 벌어지게 될까요? 이는 마치 아주 빠르게 달리던 고속버스가 갑자기 멈추는 것과 같을 것입니다. 버스가 갑자기 멈추면 우리는 버스가 달리던 방향으로 몸이 크게 기우는 느낌을 받고, 크게 휘청거리게 되지요. 심지어 넘어질 수도 있습니다. 그런데 이보다 훨씬 빠른 속도로 돌던 지구의 자전이 멈춘다면, 그 지구 표면 위에 달라붙어 있던 우리는 정말 거대한 휘청거림을 느낄 것입니다. 땅 위의 모든 사람들과 건물들, 모든 것들이 날아가 버릴 정도로요. 핵폭탄이 터지는 순간 주변으로 전달되는 충격파보다 더 큰 충격을 받으며 우리는 아주 빠른 바람에 날아갈 것입니다.

반대로 지구의 자전 속도가 공룡이 살던 시대처럼, 아니면 그보다 더 빨라진다면 아주 재미있는 경험을 할 수 있게 됩니다. 지구의 자전 속도가 빨라지면 그만큼 우리가 느끼는 지구의 중력은 더 작아집니다. 지구 자전 속도를 아주 빠르게 만들 수 있다면 우리는 땅 바로 위에서 떠다니는 듯, 중력이 거의 느껴지지 않는 세상을 만나게 될 것입니다. 지구의 자전 속도를 다시 빠르게 만드는 것이, 천문학적으로 장담할 수 있는 효과적인 다이어트 방법 중 하나라고 볼 수 있습니다. 물론 실제 여러분의 몸이 가벼워지는 것은 아닙니다. 단지 빠르게 자전하는 지구 위에서 여러분이 느끼게 되는 몸의 중력이 조금 더 약해지는 것뿐이지요.

우리는 지구와 함께 떨어지고 있다

지금까지 우리는 지구가 빠르게 자전하고 있음에도 우리가 그것을 느낄 수 없는 이유, 그리고 자전 속도가 변한다고 가정했을 때의 모습에 대해 알아보았습니다. 그렇다면 자전보다 훨씬 더 빠른, 현존하는 제트기보다 훨씬 더 빠른 공전 속도를 느끼지 못하는 것은 어떻게 설명할 수 있을까요? 사실 지구가 태양 주변을 공전하지 않는 것은 아닐까요?

태양 주변을 맴도는 지구를 생각하기 전에, 지구 주변을 맴도는 우주정거장의 경우를 생각해 봅시다. 우주정거장에서 생활하는 우주인들은 우주정거장 속을 둥둥 떠다니지요. 우주정거장에서는 손에 쥐고 있던 펜을 놓으면 그대로 둥둥 떠 있고, 물도 둥글게 뭉친 상태로 허공에 뜹니다. 우리는 이런 모습을 두고 흔히 '무중력' 상태라고 이야기합니다. 하지만 이 표현은 잘못된 것입니다. 우주에 지구가 존재하는 한, 그 주변을 맴도는 모든 것들은 지구의 중력을 받고 있으니까요. 인공위성과 우주정거장은 지구의 중력에 의해 지구를 향해 추락하는 중이지요.

그러나 실제로 그들은 지구 표면으로 곤두박질치지 않습니다. 그들이 지구를 향해 떨어지며 그리는 둥근 궤적이 너무 커서, 아무리 떨어져도 지구 표면에 닿지 않기 때문입니다. 높은 산꼭대기에서 대포를 발사하는 모습을 상상해 볼까요? 아주 느리게 대포를 발사한다면, 대포알은 곡선을 그리며 곧바로 산 아래 지표면에 떨어질 것입니다. 하지만 지구 중력을 벗어날 만큼 아주 빠른 속도로 대포를 발사한다면, 대포알은 거대한 곡선을 그리며 지구를 떠나 버릴 거예요. 너무 느리지도 않고, 너무 빠르지도 않은 중간 정도의 속도로 대포를 발사한다면 어떻게 될까요? 당연히 지구의 중력을 받는 대포알은 지구를 향해 아래로 떨어지려고 할 것입니다. 그런데 속도가 아주 느리지 않은 덕분에 땅으로 떨어지는 대포알의 궤적의 곡률이 둥근 지구의 곡률과 일치할 수 있지요. 즉 대포알은 계속 땅을 향해

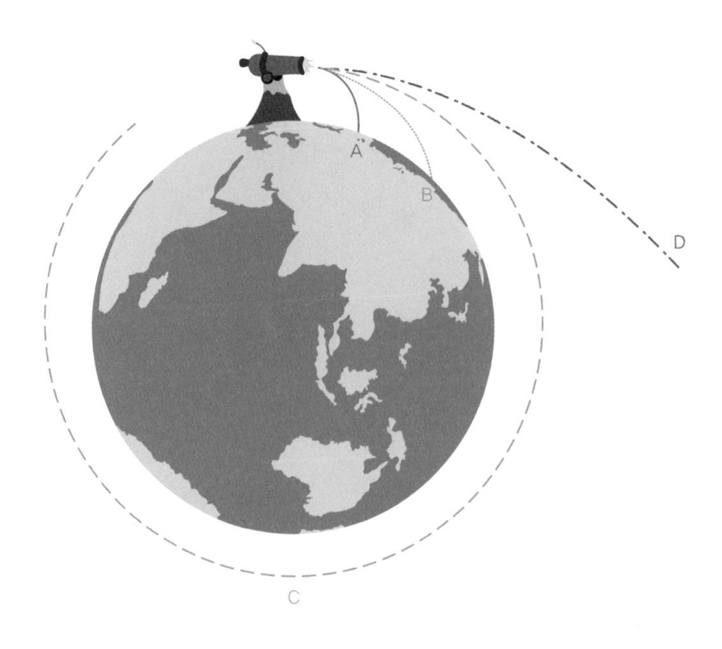

둥근 지구 위에서 각기 다른 속도로 대포를 쏘는 상상을 해 보자.

A: 속도가 너무 느리면 대포 바로 앞에 대포알이 떨어진다.
B: A의 경우보다는 더 멀리 날아가서 땅에 떨어지지만 아직 속도가 부족하다.
C: 속도가 딱 적당하면 둥글게 추락하는 대포알의 궤적과 둥근 지구의 곡률이 맞아떨어진다. 그래서 마치 대포알이 땅에 닿지 않고 계속 하늘을 나는 것과 같은 운동을 하게 된다.
D: 아주 빠르게 대포알을 발사하면 완전히 지구 중력에서 벗어나는 궤도를 그리며 멀어지게 된다.

떨어지는 중이지만, 대포알이 미처 땅에 닿기 전에 둥근 지구의 땅이 함께 꺾이기 때문에 대포알은 마치 지구 주변을 둥글게 맴도는 듯한 운동을 하게 됩니다. 지구 주변을 맴도는 인공위성과 우주정거장, 심지어 달에서도 이런 현상은 계속 벌어지고 있습니다. 달이 땅에 떨어지지 않고 계속 지구를 맴돌 수 있는 이유가 바로 이것이에요!

따라서 정확하게 말하면 우주정거장 안은 중력이 존재하지 않는 무중력 공간이 아닙니다. 다만 우주정거장과 그 안의 우주인이 함께 같은 정도로 지구 주변을 둥글게 돌면서 추락하고 있기 때문에, 우주인들은 우주정거장 속에서 둥둥 떠다닐 수 있는 것입니다. 아주 높은 건물 꼭대기에서 갑자기 엘리베이터의 줄이 끊어지면서 엘리베이터가 아주 빠르게 떨어진다면 그 안에 타고 있는 사람은 발이 엘리베이터 바닥에서 떨어지기 시작해 결국 그 안에서 둥둥 뜨는 경험을 하게 됩니다. 엘리베이터도 그 안의 사람도 지구 중력에 의해 계속 추락하고 있는 것이지요. 다만 둘의 추락 속도가 똑같기 때문에 그 안에서는 마치 중력이 작용하지 않는 듯한 착각을 하게 될 뿐입니다.

지구 주변을 도는 우주정거장이 지구를 향해 끝없이 추락하고, 지구 주변을 맴도는 달도 지구를 향해 끝없이 추락합니다. 태양 주변을 맴도는 모든 행성들도 태양 표면을 향해 끝없이 추락하고 있죠. 우리 지구도 당연히 태양의 중력에 이끌려 태양을 향해 추락하고 있고요. 다만 태양 주변을 맴도는 지구의 공전 궤도가 둥글고 너무나 거대해서, 지구가 태양 표면에 닿기 훨씬 전에 계속 태양 표면이 꺾이고 있을 뿐입니다.

지구 주변을 맴도는 우주정거장은 시속 2만 7,000㎞의 속도로, 지구 주변을 90분에 한 바퀴씩 돌고 있습니다. 그러나 우주정거장 안에 타고 있는 우주인들은 지구를 향해 무한한 추락을 하고 있기 때문에 우주정거장의 속도감을 느끼지 못합니다. 지구와 함께 태양으로 추락하고 있는 우리 역시 빠르게 태양 주변을 맴도는 지구의 속도를 전혀 느끼지 못하지요.

지구의 공전을 생각해 보면 우리의 한 해 한 해는 매우 경이롭습니다. 반년 전 우리는 이 지구와 함께 눈앞에 보이는 태양 반대편에 있었습니다. 그리고 불과 반년 만에 지름 3억㎞의 거대한 궤도의 절반을 돌아 오늘 우리가 존재하는 바로 이 지점에 당도한 것이지요. 다시 반년이 지나면 우리는 그만큼을 다시 돌아가, 태양 건너편 3억㎞ 거리에 놓였던 오늘의 지구를 상상하게 될 것입니다.

사실 지구는 훨씬 더 복잡하게 움직이는 중

우리는 자전하는 지구 위에서 함께 돌고 있습니다. 그리고 지구는 동시에 태양 주변을 공전하고요. 태양 주변을 돌면서 제자리에서 회전하는 지구의 공전과 자전만 생각해도 꽤 복잡한데, 실제로 지구는 훨씬 더 복잡하게 돌고 있습니다.

지구를 비롯한 행성들이 그 주변을 맴돌고 있는 태양도 우주 공간에 고정되어 있는 별이 아닙니다. 태양과 같은 별이 수천억 개 모여서 이루어진 납작하고 거대한 우리은하 외곽에서 시속 72만㎞의 어마어마한 속도로 돌고 있죠. 게다가 태양은 단순히 원을 그리며 은하 외곽을 돌고 있는 것도 아닙니다. 마치 위아래로 움직이면서 둥글게 도는 회전목마처럼, 태양을 비롯한 많은 별들은 납작한 은하 원반을 위아래로 움직이면서 돌고 있죠. 우리은하는 거대한 회전목마인 셈입니다.

지구를 비롯한 태양계 행성들은 이처럼 복잡하게 은하 외곽을 돌고 있는 태양 주변을 도는 것입니다. 게다가 태양이 우리은하 외곽을 도는 방향은 태양계 행성들이 태양 주변을 맴도는 공전 방향과 거의 수직을 이루며 기울어져 있습니다. 태양계 바깥에서 태양계 행성들의 움직임을 자세히 관찰한다면, 은하 외곽을 빠르게 도는 태양을 따라 그 주변에 나선을 그리며 맴도는 지구와 행성들의 모습을 볼 수 있을 것입니다.

여기까지만 해도 굉장히 복잡하죠? 하지만 우주의 움직임은 여기에서 멈추지 않습니다. 태양과 같은 별 천억 개를 품고 있는 거대한 회전목마인 우리은하 자체도 또 특정한 방향으로 빠르게 움직이고 있습니다. 우주의 회전은 점점 거대한 규모로 계속 이어집니다.

한 사람이 손목시계를 차고 있습니다. 그리고 시계를 차고 있는 그 팔을 계속 둥글게 돌립니다. 그 상태로 그 사람이 위아래로 움직이면서 크게 회전하는 회전목마에 탑니다. 그런데 그 회전목마가 통째로 또 움직입니다. 그 상태에서 그 사람이 손목에 차고 있는 시계 초침의 운동을 상상해 볼까요? 정말 복잡하지요. 우리가 바로 그런 돌고 도는 우주의 한구석에 살고 있는 것입니다!

천문학자들은 이런 다양하고 복잡한 우주의 움직임을 모두 고려하여 우주에 대해 지구가 정확히 어떤 속도와 방향으로 움직이고 있는지 알아낼 수 있습니다. 빠르게 달리는 차 안에서 정면으로 다가오는 풍경과 뒤로 멀어지는 풍경을 보면서 차의 속도와 방향을 유추하는 것과 같지요.

우리는 우주 전역에서 날아오는 빛을 관측합니다. 우리의 움직임에 따라 빛의 파장이 달라지고, 우주가 다른 색깔로 보일 수도 있습니다. 우리가 별을 향해 빠르게 다가가면 별에서 날아오는 빛의 파장은 압축되면서 더 파장이 짧은 푸른색으로 치우치게 됩니다. 이를 청색편이Blue shift라고 합니다. 반대로 우리가 별에서 멀어지며 도망가면, 별에서 지구를 향해 날아오는 빛의 파장이 길게 늘어지며, 우리가 보는 별빛은 파장이 더 긴 붉은색으로 치우칩니다. 이를 적색편이Red shift라고 합니다. 이렇게 움직임에 따라 파장이 다르게 관측되는 것을 도플러 효과Doppler effect라고 하지요.

소리를 통해서도 도플러 효과를 경험할 수 있습니다. 소리도 빛처럼 파동을 그리기 때문이지요. 가만히 길에 서 있을 때 사이렌을 울리며 구급차가 빠르게 다가올 때에는 파장은 더 짧고 주파수는 더 높은 소리를 듣게 됩니다. 구급차가 멀어질 때는 소리가 늘어지면서, 더 낮은 주파수의 소리를 듣게 되죠.

천문학자들이 우주 전역을 관측했더니 한쪽은 푸른빛으로 치우치고 반대쪽은 붉은빛으로 치우친 우주의 모습을 볼 수 있었습니다. 실제로 한쪽의 별들이 더 푸르고, 그 반대쪽에는 붉은 별들만 있기 때문이 아닙니다. 공전하고, 또 은하 주변을 돌고, 다시 그 은하가 돌고 도는 복잡한 운동이 합쳐져 일어나는 착시 현상일 뿐입니다. 지

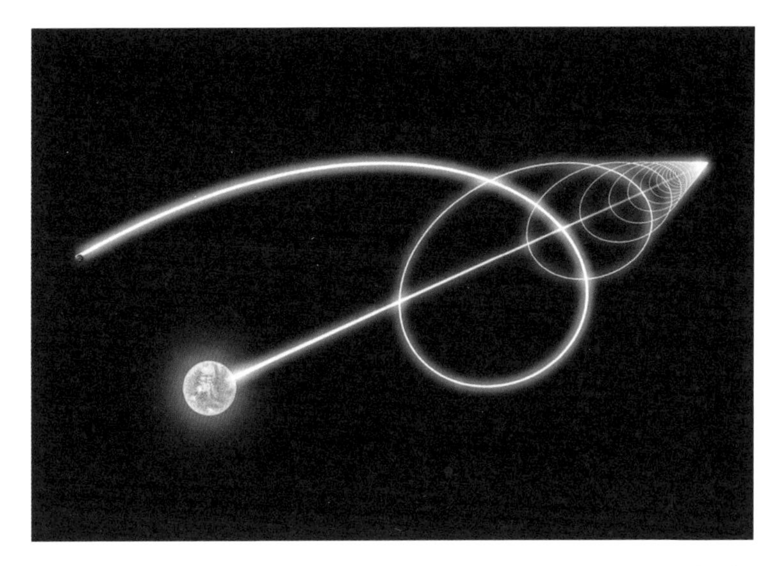

은하계를 질주하는 태양과 함께 그 주변을 맴도는 지구의 궤적을 그린 그림이다. 우리는 우주 한구석에 고정된 태양을 중심으로 지구가 돈다고 생각하기 쉽지만, 사실 태양도 우주 공간을 질주하고 있다.

구가 나아가는 쪽 방향의 우주는 청색편이를, 지구가 등지고 멀어지는 반대쪽 우주는 적색편이를 받고 있습니다. 이 움직임을 통해 복잡한 지구의 운동을 파악할 수 있는 것이지요. 우주를 배경으로 움직이는 지구의 전체 속도는 시속 200만㎞ 이상입니다.

지구가 이처럼 빠르고 복잡하게 우주 공간을 가르며 지나가고 있기 때문에, 사실상 시간 여행은 불가능하다고 볼 수 있습니다. 정확하게 이야기하면, 시간 여행이란 단순히 미래와 과거를 향해 시간대만 옮겨 가는 것이 아닙니다. 우주를 기준으로 다른 시간대의 정확히 같은 공간으로 이동하는 것을 말하지요. 그런데 지구는 우주 공

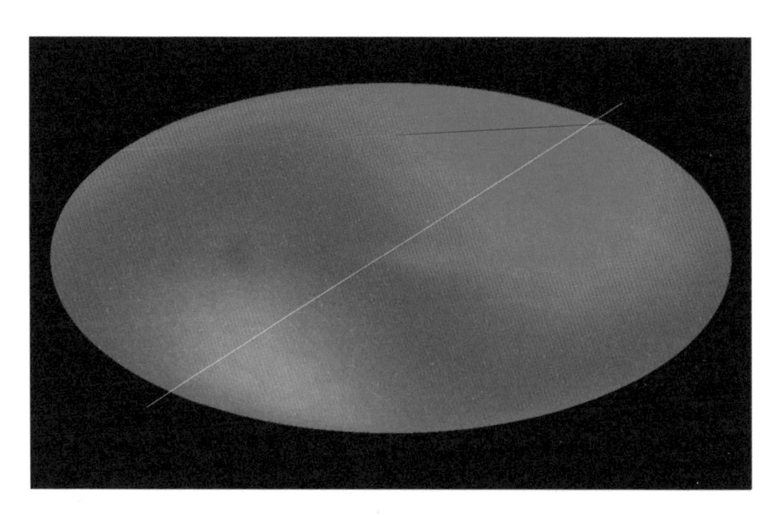

우주에 올라가 우주 사방에서 쏟아지는 우주 배경 복사를 관측하는 코비(COBE) 위성으로 관측한 모습. 한쪽 방향으로 빠르게 움직이는 지구와 태양계의 운동에 의해 다가가는 쪽의 우주는 강하게 청색편이를 겪고, 그 반대편 멀어지는 쪽은 강한 적색편이를 겪는다. 청색편이 중심에서 적색편이 중심을 잇는 축을 '우주의 악의 축(Axis of Evil)'이라고도 부른다. 지구는 우주에 대해 그 악의 축의 방향으로 움직이는 중이다.

간에 가만히 고정되어 있지 않고 아주 빠르게 움직입니다. 즉 매순간 지구가 우주에 존재하는 공간의 좌표가 변하고 있는 것입니다. 만약 순수하게 다른 시간대의 같은 공간 좌표로 이동하는 시간 여행을 하게 된다면, 우리는 과거와 미래의 특정한 순간으로 갈 수 있겠지만 지구는 그 자리에 그대로 있지 않을 거예요. 타임머신에서 내리는 순간 우리는 지구가 존재하지 않는 텅 빈 우주 공간에 버려지게 될 것입니다. 보다 안전한 시간 여행을 위해서는, 이동하는 시간만큼 변화한 우주 전체에 대한 지구의 움직임을 보정해 도착 지점의 좌표를 바꿔 주는 기술도 필요할 것입니다.

지구의 자전은 밤과 낮을 만들었습니다. 그리고 약간 기울어진 채 태양 주변을 도는 지구의 공전은 계절 변화를 만들었죠. 그 덕분에 우리는 너무 과하지도, 너무 부족하지도 않게 태양으로부터 살아가는 데 필요한 에너지를 얻을 수 있습니다. 그리고 지구는 돌고 있습니다. 아니, 복잡하게 우주 공간을 비행하고 있다고 해야겠지요. 우리는 느낄 수 없지만 우리가 이 지구 위에서 살아가고 있다는 것, 그것이 바로 지구가 우주를 비행하고 있다는 것을 보여 주는 가장 확실한 증거입니다.

1문 1답
정리 노트

Q. 지구는 매우 빠른 속도로 자전도 하고 공전도 하는데, 어떻게 사람들은 멀미를 하지 않고 살 수 있는 것일까요?

지구가 일정한 선속도로 돌고 있기 때문이에요!

Q. 우리가 지구의 자전 속도에 영향을 줄 수 있다고 하는데, 사실인가요?

회전하고 있던 물체의 회전 반지름이 길어지면 회전이 느려지고, 회전 반지름이 짧아지면 회전이 빨라지지요? 우리가 계단이나 산을 오르면 우리 체중만큼의 질량이 지구의 자전축으로부터 멀어지고, 내려오면 또 그만큼의 질량이 지구의 자전축과 가까워집니다. 즉 우리가 건물을 위아래로 오르내릴 때마다 지구의 자전 속도가 미미하나마 변하는 거예요.

Q. 하루가 조금 더 길어질 순 없을까요?

우리의 하루는 점점 길어지고 있답니다! 지구가 자전축을 중심으로 도는 속도보다 달의 중력에 의해 움직이는 바닷물의 속도가 느리기 때문이에요. 즉 지구의 암석 부분과 그 안에 고인 바닷물의 회전 속도가 어긋나 지구의 자전이 방해를 받는 것이지요. 이 때문에 지구의 하루는 100년마다 0.002초씩 길어지고 있습니다.

Q. 지금 갑자기 지구의 자전이 멈춘다면 어떤 일이 일어나나요?

빠르게 달리던 자동차가 급정거하면 몸이 크게 기울지요? 자동차와는 비교도 안 되는 속도로 돌고 있던 지구가 멈춘다면 우리는 거대한 충격을 받을 것이고 모든 건물들과 사람들이 날아가 버리게 될 거예요.

03

우리 집에 인공위성이 떨어진다면?

#지구의하늘 #인공위성 #우주쓰레기
#하늘에서쓰레기가떨어져 #위험해 #청소와감시

지구는 쓰레기로 뒤덮여 있다

인류가 지구의 아름다운 자연환경을 구석구석 갉아먹는 곰팡이 같은 존재라는 이야기는 이미 지겨울 정도로 오랫동안 들어 왔습니다. 그런 이야기를 너무 오래 들어 와서 그런지, 애석하게도 이제는 우리가 매일 파괴하고 있는 지구의 환경에 대해 미안한 마음이나 경각심조차 느끼지 않게 되었습니다. 그저 인류가 지구라는 행성 위에 터전을 잡은 이래로 지금까지 매일 그래 왔던 당연한 일일 뿐… 누구도 걱정스럽게 우리의 하루하루를 돌이켜 보지 않지요.

인류는 굉장히 다양한 방식으로 지구의 환경을 망가뜨리고 있습니다. 인정하고 싶지 않아도, 이는 부정할 수 없는 사실입니다. 이미 세계 곳곳 대도시의 하늘은 뿌연 미세 먼지로 가득합니다. 우리나라도 대도시 지역이 아니더라도 거의 사계절 내내 미세 먼지에 시달리고 있지요. 오랫동안 우리가 무심코 흘려보냈던 다양한 화학 물질은 지구의 넓은 바다 위에 두꺼운 기름띠가 되어 흐르고 있습니다.

수질 오염이나 대기 오염처럼 당장 눈에 보이지 않는 환경 오염 말고도, 바로 확인할 수 있는 자연 파괴의 모습도 적지 않습니다. 몇 년만 지나면, 인류는 웬만한 작은 섬나라 면적을 훌쩍 뛰어넘는 플라스틱 쓰레기 섬을 갖게 될 것입니다. 전 인류가 그동안 버린 플라스틱 뭉치들이 돌고 도는 태평양 해류를 따라 모이면서 태평양 한가운데에 거대한 인공 섬이 만들어지고 있습니다.

사람이 붐비는 곳이라면 어디나 쓰레기통이 넘칠 듯 가득 차고, 너저분하게 음료수 캔과 비닐봉지가 나뒹굴곤 하죠. 그리고 이제 인류는 그런 부끄러운 흔적을 지구 바깥, 대기권 위 우주 공간에까지 남기기 시작했습니다.

그 시작은 1957년 10월 4일로 거슬러 올라갑니다. 러시아가 인류 최초의 인공위성을 궤도에 올리는 데 성공한 날이지요. 은빛으로 빛나는 작은 구체 끝에 여러 가닥의 안테나가 뻗어 있는, 굉장히 단순한 형태의 인공위성이었습니다. 인류는 이것을 쏘아 올리기 위해 우주에 아주 많은 흔적을 남겨야 했습니다.

인공위성 자체는 그리 크지 않은 전자 기기입니다. 그러나 그 작은 화물을 우주 궤도에 올리기 위해서는 우리를 강하게 붙잡고 있는 지구의 강한 중력을 버텨 내야 합니다. 마치 지구는 이 행성에 살고 있는 인류가 고향을 떠나 지구 바깥 우주를 탐험하려고 하는 것을 아쉬워하는 듯합니다. 강한 중력으로 우리가 지구를 벗어나는 것을 쉽게 허락해 주지 않지요. 지구를 벗어나 안정적인 궤도를 유지하기 위해서는 정말 빠른 속도가 필요합니다. 앞서 이야기했듯이, 지구를 벗어날 수 있는 속도로 로켓을 발사해야 하지요. 이때 로켓의 엔진은 아주 강한 압력으로 화염을 내뿜으며 '반작용의 힘'을 이용해 땅을 차고 올라갑니다. 우리가 손바닥으로 벽을 강하게 밀면 마치 벽이 반대 방향으로 우리를 미는 듯한 느낌을 받지요. 바로 이것을 반작용이라고 합니다. 모든 힘에 대해 반대 방향으로, 같은 크기로 작용하는 힘입니다.

지구를 둘러싼 우주 쓰레기를 표현한 그림. 우주 개발이 시작된 이후 지금까지 5,000번이 넘는 인공위성 및 우주선 발사가 이루어졌다. 현재 지구 주변을 맴돌고 있는 우주 쓰레기 중 약 65%는 정확하게 그 정체를 파악하고 있지만, 정확히 추적하고 있지 못한 것도 많다. 지금까지 최소 240번이 넘는 폭발로 인해 여러 잔해가 발생했고, 인공위성끼리 직접 충돌하는 사고도 10번 이상 있었다. 크기가 10㎝보다 큰 우주 쓰레기 조각은 약 2만 9,000개 이상이고, 크기가 1㎝보다 큰 조각은 67만 개 이상이다. 우주 쓰레기 조각의 기준을 1㎜보다 큰 것으로 한다면 그 수는 무려 1억 7,000만 개가 넘는다.

단번에 지구를 탈출할 만큼 빠른 속도를 내는 것은 굉장히 어렵습니다. 그래서 천문학자들은 로켓을 여러 단계로 나누어서 발사합니다. 더 멀리까지 날아가는, 더 빠른 속도를 오랫동안 유지해야 하는 로켓일수록 더 많은 단계로 나눕니다. 보통은 2단에서 3단 정도의 로켓을 사용하죠. 1단계 로켓의 가장 아랫부분 엔진에서 연료를 순식간에 태우며 일단 적당한 높이까지 로켓을 밀어 올립니다. 그리고

1단계 로켓에서 연료를 다 쓰면 텅 빈 연료 탱크와 1단계 로켓 부분을 떼어 냅니다. 그리고 그다음 단계의 연료를 태우고, 또 연료를 다 쓰면 필요 없어진 부분을 떼어 내 버립니다.

그렇습니다. 몇 년 동안 힘들게 만들고 개발한 로켓의 상당 부분은 인공위성을 궤도에 올리는 단 몇 분의 짧은 여정에서 거의 대부분 버려집니다! 로켓은 대망의 발사 당일, 우주 공간에 버려지기 위해 만들어진다고 이야기할 수도 있습니다. 결국 가장 중요한 것은 그 로켓의 가장 꼭대기에 실려 있는 인공위성이기 때문이죠.

1957년 러시아의 첫 인공위성 이후 지금까지 발사된 정말 많은 인공위성들, 또 실패한 로켓 조각들은 버려진 채 지구 주변을 떠돌아다니고 있습니다. 태평양 한가운데에서 무럭무럭 자라고 있는 플라스틱 쓰레기 섬처럼, 지구를 떠나 우주로 진입하는 대기권 길목에도 엄청난 쓰레기 조각들이 둥둥 떠다니고 있죠.

통제 불능 우주 쓰레기

이렇게 지구 주변을 에워싸고 있는 인공위성과 로켓, 그리고 각종 부품들의 잔해를 우주 쓰레기Space Debris라고 합니다. 이런 우주 쓰레기는 새롭게 궤도에 올라간 신입 인공위성들에게 위험 요소가 됩니다. 겨우 고생해서 올린 새로운 인공위성이, 이미 그 주변을 가득 메우고 있는 인공위성 부품이나 부스러기들에 부딪혀 고장 나거나 추락할 수도 있거든요. 그래서 지상에서 레이더 장비를 이용해 우주 쓰레기들을 추적하지만, 새로운 인공위성을 올리면 어쩔 수 없이 다음 인공위성을 추가로 올릴 수 있는 빈자리는 줄어듭니다. 인류가 쓸 수 있는 우주 공간은 마냥 무한하지 않지요. 마치 주차장처럼, 인류가 인공위성을 놓을 수 있는 우주의 빈자리도 계속 채워지고 있습니다.

레이더로 추적할 수 있는 우주 쓰레기들을 분석해 보면, 야구공보다 더 큰 물체는 2만 개가 넘습니다. 그보다 더 작은 구슬 정도의 우주 쓰레기까지 세면 50만 개, 그리고 손톱보다 더 작은 미세한 파편까지 포함하면 1억 개 이상이 되지요. 1억 조각이 넘는 크고 작은 쓰레기들로 지구가 뒤덮여 있는 것입니다. 단언컨대 여러분이 고개를 들어 지구의 하늘 어디를 보더라도 시야에 가장 먼저 걸리는 것은 지구 주변을 돌고 있는 쓰레기 조각일 것입니다. 다만 너무 작아서 보이지 않을 뿐이죠.

지구의 대기권은 지구의 중력에 붙잡힌 대기 분자들이 모여 있는 구역입니다. 땅에서 높이 올라가며 지구와 멀어질수록 대기를 붙잡는 지구의 중력도 작아지고 따라서 대기의 밀도도 옅어집니다. 보통 인공위성을 올리는 '항공 우주'의 영역은 고도 100㎞ 이상입니다. 이 정도로 높이 올라가면 거의 대기가 없어, 말 그대로 '숨 막히는 순간'을 만끽할 수 있지요.

지상 근처에서는 움직이는 모든 물체는 공기의 마찰을 받아 속도가 느려지지요. 만약 우주에 올라가 총알을 쏜다면, 지상에서보다

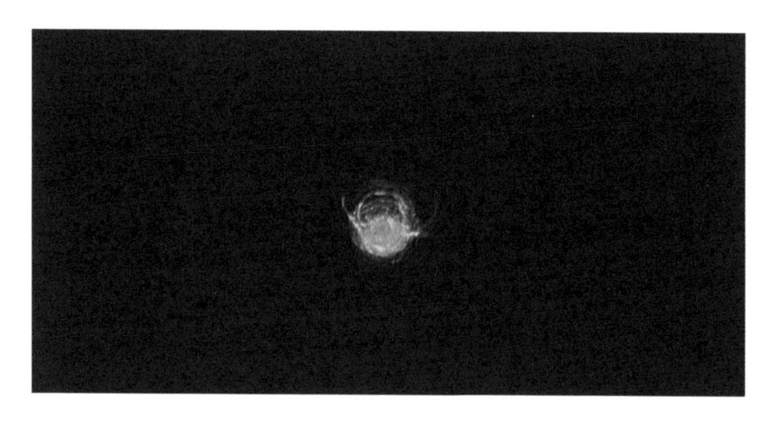

2016년 유럽에서 발사한 우주선 모듈 큐폴라(Cupola)에서 아주 위험한 일이 벌어졌다. 영국 출신 우주인 팀 피크(Tim Peake)는 우연히 우주선 창문에 난 지름 7㎜짜리의 작은 충돌 흔적을 발견했다. 이는 근처를 떠돌던 작은 우주 쓰레기 조각이 총알만큼 빠른 속도로 날아온 탓에 생긴 흉터였다. 조각이 조금만 더 컸다면 유리창이 파손되었을지도 모르는 정말 섬뜩한 순간이었다. 만약 10㎝보다 큰 조각이 날아온다면 우주선이 산산조각나는 불상사가 벌어질 수도 있다.

훨씬 더 빠르게 멀리까지 쏠 수 있을 것입니다. 총알의 속도를 느리게 하는 강한 공기의 마찰이 없기 때문입니다. 이렇게 거의 진공에 가까운 우주 공간에서 작은 부스러기들은 초당 7㎞ 정도의 속도로 지구 곁을 맴돌고 있습니다. 발사된 총알의 속도보다 무려 7배나 빠른 속도입니다. 쓰레기 조각들이 총알보다 훨씬 빠르게 날아다니고 있다니!

총알을 맞았을 때 상처가 나고 아픈 이유는, 그 속도가 너무 빠르기 때문입니다. 그보다 훨씬 더 빠르게 움직이는 우주 쓰레기 조각들은 더욱 치명적이겠지요. 실제로 우주를 비행하던 우주선 창문에 작은 부스러기가 날아오면서 창문에 금이 가거나 우주복에 상처가 생기는 등 위험천만한 상황이 많이 벌어집니다.

1986년에 우주 공간에서 폭발했던 아리안Arian 로켓의 잔해가 그로부터 무려 10년이 지난 뒤 궤도에 올라간 프랑스의 인공위성 세리즈Cerise의 안테나를 부러뜨리고 지나가기도 했습니다. 정말 한 뼘만 더 빗나갔다면 인공위성의 몸체 자체에 충돌하면서 더 치명적인 일이 벌어질 수도 있었지요.

우주 쓰레기를 관리하고 감시하는 것은 새로운 인공위성을 만들고 궤도에 올리는 것만큼 중요한 일입니다. 이미 1960년대부터 미국항공우주국NASA, National Aeronautics and Space Administration은 이러한 문제를 파악하고, 지금까지 꾸준히 우주 쓰레기들을 감시해 오고 있습니다. 우주 쓰레기는 지금껏 줄지 않고 꾸준히 빠르게 증가하고 있지요.

쓰레기는 쓰레기를 낳는다

우주 쓰레기의 양을 갑자기 증가시킨 사건이 두 가지 있었습니다. 첫 번째 사건은 중국에서 미사일을 이용해 인공위성을 요격하는 군사 실험을 진행한 것이었죠. 중국은 그들의 위성을 정해진 궤도에 올려놓고, 그 인공위성을 정확하게 요격할 수 있는지 실험했습니다. 그런데 예상치 못했던 너무나 많은 파편들이 쏟아져 나왔어요. 당시 기록에 따르면 크기를 확인할 수 있는 정도의, 그나마 큰 조각만 무려 3,000개가 넘었다고 합니다. 순식간에 수천 개의 새로운 부스러기들이 지구 주변 궤도에 뿌려진 것이죠.

두 번째 사건은 정말로 우연한 '사고'였습니다. 말 그대로 인공위성들끼리의 '교통사고'였어요. 미국의 통신용 인공위성 이리듐 33Iridium 33과 러시아의 군사 정찰 위성 코스모스 2251Cosmos 2251의 궤도가 겹치면서 둘이 충돌해 버린 것입니다. 이 접촉 사고로 순식간에 2,000개가 넘는 파편이 발생했습니다. 당시 미국과 러시아를 비롯한 많은 우주 개발 국가들로 하여금 무분별한 우주 개발이 얼마나 위험할 수 있는지를 깨닫게 해 주는 계기가 되었지요.

영화 「그래비티」Gravity, 2013의 주인공들도 허블 우주 망원경을 수리하기 위해 우주왕복선을 타고 작업을 하던 중, 주변에서 진행된 인공위성 폭발 실험으로 인해 갑자기 쏟아지는 우주 쓰레기들을 마주하면서 우주 미아가 되어 버립니다. 영화에서 벌어진 사건은 실제로도 충분히 벌어질 수 있는 일입니다.

1978년 미국항공우주국의 과학자 케슬러Donald J. Kessler, 1940~는 이런 우주 쓰레기들이 어떻게 늘어나는지를 분석했습니다. 세포가 분열하면서 계속 개수가 늘어나는 것처럼 우주 쓰레기 파편들이 자가번식하는 이러한 모습에 '케슬러 신드롬'Kessler Syndrome이라는 이름이 붙었지요. 케슬러 신드롬은 우주에서의 충돌로 우주 쓰레기 파편과 잔해가 계속해서 불어나는 '양성 피드백'Positive Feedback을 말하는 것입니다. 보통 어떤 성분이나 값이 지나치게 높아지는 것을 스스로 조절하는 경우를 음성 피드백Negative Feedback이라 하지요. 양성 피드

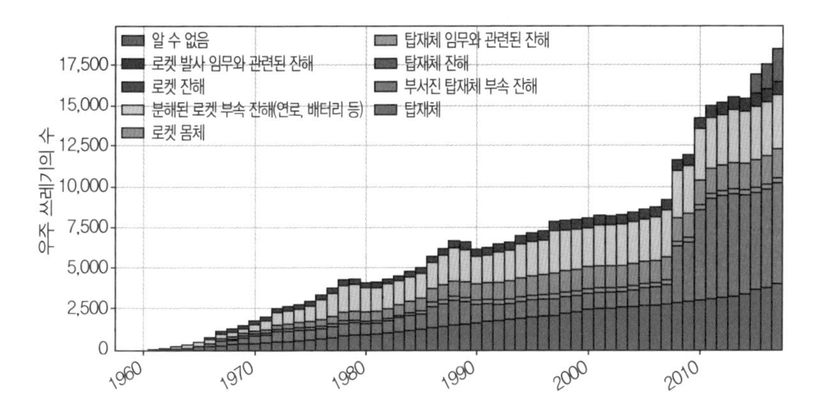

1960년부터 지금까지 계속 증가하고 있는 우주 쓰레기들을 종류별로 정리한 그래프. 그래프의 가로축은 시간, 세로축은 각 우주 쓰레기의 개수이다. 해가 갈수록 빠르게 우주 쓰레기가 늘어나는 것을 볼 수 있다.

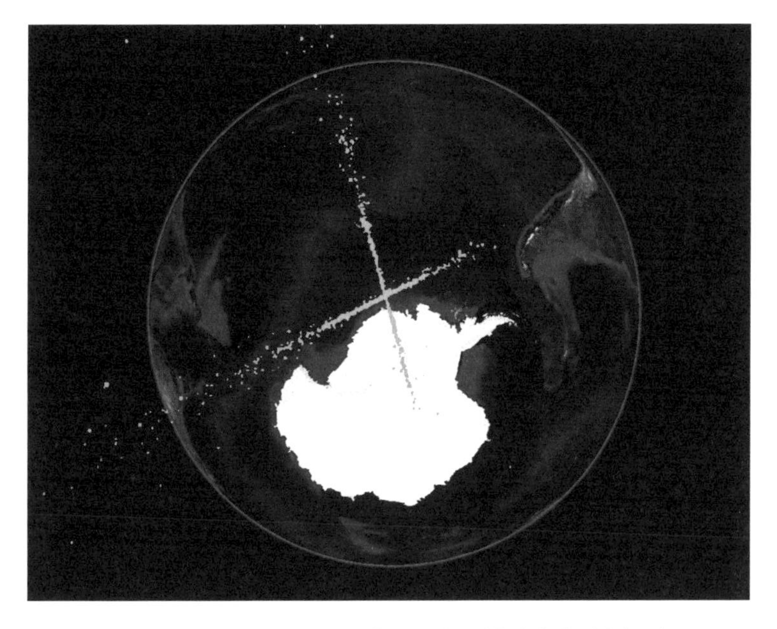

2009년 2월 이리듐 33과 코스모스 2251 위성이 충돌한 직후 발생한 파편들을 나타낸 그림.

백은 늘어날수록 계속 더 많아지는, 걷잡을 수 없는 변화를 의미합니다.

우주 궤도에 인공위성들을 많이 쏘아 올릴수록 인공위성끼리 자주 충돌하게 되고, 그 결과 부서진 파편과 우주 쓰레기들이 기하급수적으로 불어납니다. 새롭게 올라간 인공위성이 우주 쓰레기를 빠르게 증가시키는 촉매 역할을 하고, 그렇게 불어난 새로운 파편들이 또다시 더 많은 우주 쓰레기를 만들어 내는 것입니다.

케슬러의 주장에서 흥미로운 것은, 지구 주변 우주 공간을 떠다니는 우주 쓰레기들의 밀도에는 한계가 있다는 것입니다. 즉 인공위성들의 충돌이 빈번해지는, 너무 붐벼서 더는 우주 쓰레기로 붐빌 수 없을 정도가 되는 임계 밀도가 있다는 의미지요. 그는 좁은 범위 안 우주 쓰레기의 밀도가 어느 수준 이상이 되면 케슬러 신드롬이 급격하게 진행되면서 더는 밀도가 높아질 수 없는 수준에 이르게 된다고 예상했습니다. 영화 「그래비티」에서 벌어졌던 끔찍하고 아찔한 순간의 모습이 바로 케슬러의 상상과 비슷하지 않을까 싶습니다.

케슬러가 주장한 우주 쓰레기의 임계 밀도가 정확히 어느 정도일지는 예측하기 어렵습니다. 하지만 지금처럼 쉬지 않고 계속 우주를 개발하고, 새로운 인공위성을 궤도에 올리다 보면 언젠가 '인류 우주 개발의 임계 밀도'에 다다르게 되리라는 것만은 분명하지요. 우주 쓰레기가 또 새로운 쓰레기를 낳는 무시무시한 연쇄 작용은 지금 이 순간에도 우리 머리 위에서 진행되고 있습니다.

하늘에서 쓰레기가 떨어진다

정말로 이렇게 우주 쓰레기가 늘어나다 보면, 단순히 인공위성 관리 문제를 넘어 우리의 일상생활에까지 영향을 끼치게 될지도 모릅니다. 아무리 지구에서 멀리 떨어진 높은 우주 공간이라고 해도 옅은 대기권은 있습니다. 연료가 다 떨어지고 더 이상 운용되지 않는 고철 인공위성들 대부분은 서서히 시간이 지나면서 옅은 지구 대기권을 훑고 지나가며 조금씩 공기 마찰을 받게 됩니다. 그리고 마찰이 강해질수록 고철 인공위성의 속도는 느려지고, 궤도가 작아져 지구와 더 가까운 쪽에서 돌게 됩니다. 그러면 더 많은 공기 마찰을 받게 되고, 속도는 더 느려집니다. 우주 쓰레기가 계속 부서지면서 수가 늘어나는 것과 마찬가지로, 우주 쓰레기가 지구 땅을 향해 추락하는 것도 점점 빨라지는 연쇄 반응의 일종이지요. 그래서 계속 사용해야 하는 인공위성은 지속적으로 연료를 조금씩 뿜어내며, 공기 마찰에 의해 조금 낮아진 궤도를 원래대로 수정합니다.

인류가 만든 가장 거대한 인공위성, 거대한 축구장만 한 크기의 국제 우주정거장ISS, International Space Station도 강한 공기 마찰을 지속적으로 받고 있습니다. 큰 크기만큼 다른 인공위성과는 비교할 수 없을 정도의 강한 마찰을 받지요. 만약 국제 우주정거장을 지속적으로 관리하고 궤도를 조정해 주지 않는다면, 여러 명의 우주인들이 살고 있는 국제 우주정거장은 며칠 만에 지구를 향해 곤두박칠치며 추락하게 될 것입니다. 천문학자들은 앞으로 10여 년이 지나 국제 우주정거장을 더 이상 쓸 수 없게 되면 이를 태평양 한가운데에 빠뜨리려는 계획을 세우고 있습니다. 인류 역사상 가장 거대한 인공위성이 바다로 추락하는 모습은 엄청난 장관일 것입니다.

대부분의 우주 쓰레기들은 조금씩 시간이 지나면서 지구 안쪽으로 떨어지기 마련입니다. 다행히 그 과정에서 별똥별처럼 지구 대기권의 마찰로 인해 뜨겁게 불타 버리지요. 우주 쓰레기가 지구 하늘에서 무사히 불타 사라지기를 바라는 것. 우리가 기댈 수 있는 가장 효과적인 우주 쓰레기 청소 방법 중 하나이지요.

자칫하면 지구로 떨어지던 다 타지 않고 남은 인공위성 조각이 우리가 사는 집에 떨어질 수도 있습니다. 물론 낮은 확률이긴 하겠지만, 정말 이런 일이 벌어진다면 그 순간에 집에 아무도 없기만을 바라는 수밖에 없겠지요.

다행히 대부분의 우주 쓰레기 조각들은 지구 면적의 70% 이상을 차지하는 바다에 빠지기 때문에 큰 피해를 주지는 않습니다. 그러나 아주 드물게 민가 근처 인공위성 조각의 추락 사고가 보고되기도 합니다. 2013년 11월 유럽에서 발사했던 지구 중력장 탐사 위성GOCE, Gravity field and steady-state Ocean Circulation Explorer의 추락 사고가 대표적입니다. GOCE는 1톤이나 나가는 꽤 큰 인공위성이었는데, 추락이 예정되면서 전 세계 곳곳에서 인공위성의 추락을 주시했습니다. 다행히 인공위성은 도시로부터 멀리 떨어진 곳에 추락했지만, 다시금 우주 쓰레기의 위험성을 느끼게 해 주는 사건이었지요.

사실 인공위성이 아니더라도 이미 우리 지구는 우주 공간을 떠다

2008년 9월 국제 우주정거장에 2주 정도 머무른 후 지구 대기권으로 재진입하면서 여러 조각으로 쪼개지고 타오르는 ATV 로켓의 모습. 남태평양 상공에서 포착된 장면이다. 지구 대기권으로 추락하는 모든 인공위성은 이처럼 별똥별과 같은 모습으로 공중에서 대부분 전소한다.

니는 수많은 돌멩이들의 위협을 받고 있습니다. 태양계 곳곳을 떠돌아다니고 있는 소행성, 혜성 조각, 자연 우주물체들의 부스러기… 탄생 후 46억 년 동안 지구는 지속적으로 이런 자연 우주물체들의 폭격을 견뎌 오고 있습니다. 다른 행성들도 마찬가지지요.

우리가 잘 알고 있듯이, 지구에 떨어지는 소행성의 크기가 약간이

당시 러시아 첼랴빈스크로 추락했던 소행성 파편이 남긴 화구의 흔적. 하늘에서 순식간에 여러 조각으로 쪼개지면서 불타버린 소행성 조각의 뒤로 뚜렷한 화구의 연기가 남아 있다.

라도 크면 1억 년 전 지구를 호령하던 공룡이 멸종되었던 것처럼 생태계의 운명이 완전히 뒤바뀔 수 있습니다. 공룡이 사라진 이후에도 적지 않은 소행성과 운석들이 지구를 향해 쏟아졌고, 꽤 많은 피해가 있었지요. 1908년 6월 새벽, 시베리아 퉁구스카Tunguska 숲에서 대폭발이 일어났습니다. 숲의 나무들은 둥글게 누웠지요. 당대 사람들은 정확한 원인을 알지 못했지만, 이후의 분석을 통해 추락하던 운석이 공중에서 폭발하면서 충격을 남겼던 것으로 확인되었습니다.

이러한 운석 충돌은 지금도 계속되고 있습니다. 2013년 2월 근지구 소행성 가운데 하나인 소행성 KEF-2013이 지구를 향해 돌진했

첼랴빈스크에 추락한 소행성 파편들.

습니다. 크기가 20m 조금 안 되는 소행성이었지요. 소행성은 러시아 하늘을 가로질러 밝은 화구Fireball를 만들었고 러시아 첼랴빈스크Chelyabinsk 인근 숲에 추락했습니다. 그 충격파로 멀리 떨어진 도시의 건물 창문이 동시에 깨졌고, 많은 사람들이 다쳤습니다. 마침 러시아 소치에서 동계 올림픽을 준비하고 있던 시기였기 때문에, 러시아는 소치 올림픽 때 그 운석 조각을 박아 넣은 메달을 선수들에게 수여하기도 했습니다.

우주를 청소하는 방법

지구 곁에서 움직이는 것들을 우주물체라고 하는데, 최근 많은 나라에서는 이런 우주물체들의 위협에서 벗어나기 위해 그것들을 감시하는 일을 하고 있습니다. 마치 영화 속 영웅들이 지구를 지키는 것처럼, 말 그대로 지구를 지키는 일을 천문학자들이 하고 있는 셈입니다! 우리나라도 이런 우주 감시 작업에 함께하고 있습니다. 부엉이처럼 큰 눈으로 하늘을 바라보며 우주 쓰레기를 주시하겠다는 뜻으로 이름을 지은 우주물체 전자광학 감시OWL, Optical Wide-field Patrol 시스템을 운용하고 있지요. 이런 우주 상황 감시SSA, Space Situation Awareness는 초기에는 그저 주변의 우주물체들을 감시하고 모니터링하는 개념이었지만, 이제는 보다 적극적으로 우주물체를 추적하고 청소하는 방안을 모색하고 있습니다. 그렇다면 대체 우주 청소는 어떻게 할 수 있는 것일까요?

가장 먼저 생각해 낼 수 있는 방법은 직접 우주선을 타고 우주에 올라가 우주인들이 하나하나 우주 쓰레기를 수거하는 것입니다. 만화 「플라네테스」プラネテス, 2003에서는 미래 인류가 우주 쓰레기를 처리하기 위해 '우주 쓰레기 청소 팀'을 파견하는 장면이 나옵니다. 하지만 우주 공간에서 쓰레기를 청소하는 것은 방 청소를 하는 것과는 비교할 수 없을 만큼 까다롭습니다. 부스러기 하나하나는 총알보다 더 빠르게 지구 주변을 맴돌고 있으므로 그 조각들을 쓸어 담기 위해서는 청소를 하는 우주인도 그와 비슷한 빠른 속도로 움직이면서

쫓아가야 하지요. 쓰레기 조각과 우주인 청소부의 상대 속도를 거의 0으로 만들어야 하는 것입니다.

이런 방법을 당장 실현하기는 어렵습니다. 너무 작아서 추적하기 어려운 쓰레기 조각까지 생각하면, 우주인 청소부의 안전을 보장할 수 없기 때문이지요. 아주 작은 조각으로도 우주복에 구멍이 뚫릴 수 있고, 상처를 입을 수도 있습니다. 그 각기 다른 빠른 속도에 맞춰 가며 쓰레기를 모으는 일은 어떻고요! 부상과 어려운 작업 난이도를 극복하고 쓰레기를 모은다고 해도 쓰레기 뭉치들을 안전하게 보관할 방법도 마땅치 않습니다. 오히려 작은 실수만으로도 쓰레기가 더 불어날 가능성마저 있습니다. 쓰레기를 치우러 갔다가 오히려 더 많은 쓰레기를 버리고 오는 셈이 되겠지요.

다른 방법으로, 거대한 자석을 이용할 수 있습니다. 대부분의 우주 쓰레기는 인공위성, 로켓 부품 등 금속으로 이루어져 있지요. 그래서 거대한 자석을 들고 적당한 궤도에서 쓰레기를 모으면 비교적 쉽고 안전하게 쓰레기를 수거할 수 있습니다. 전기가 흐를 때만 자석의 성질을 갖게 되는 전자석을 활용하면 더 쉬울 것이고요. 실제로 전자석은 폐차장에서 무거운 자동차 부품 등을 옮길 때 사용됩니다. 전자석으로 특정 궤도에 모여 있는 우주 쓰레기들을 수거하고, 안전한 장소로 이동해 전자석의 전원을 끈 뒤 쓰레기를 버리는 것도 가능합니다. 방 청소를 하기 귀찮아서 쓰레기를 한데 모아 멀리 두는 것과 비슷하다고도 볼 수 있지만, 당장은 가까운 우주 공간의 지저분한 상황을 모면할 수 있는 방법이 될 수 있습니다.

그러나 이 역시 빠르게 움직이는 우주 쓰레기들과 자석이 직접 부딪히면서 예상치 못한 부작용이 발생할 수 있습니다. 천문학자들은 이를 보완해 주변 물질을 강하게 끌어당기는 자석을 궤도에 올려놓고, 쓰레기들이 모여서 적당히 무거워지면 그 자석을 추락시켜 하늘에서 태워 버리는 방안도 논의하고 있습니다.

조금 더 적극적인 방법으로, 우주 쓰레기 청소만을 목적으로 하는 전용 위성을 추가로 띄우는 방안이 있습니다. 빗자루 역할을 하는 인공위성이 우주 쓰레기가 가득할 것으로 예상되는 지역을 지나갑니다. 그리고 강한 연료를 분사해 우주 쓰레기들을 밀면서 한 장소로 모아 둡니다. 인공위성이나 부품들이 직접 부딪히지는 않기 때문에 추가로 더 잔해가 발생할 확률이 적다는 장점이 있죠. 여기에 빗자루 인공위성이 여러 대 함께 활동하면 여럿이 힘을 합쳐 청소하는 것처럼 더 좋은 효과를 낼 수 있습니다. 이러한 방식을 탄도 가스Ballistic Gas 우주 쓰레기 청소라고 합니다.

이렇게 우주 쓰레기들을 특정 지역에 모아 둘 경우, 추가로 발사하는 인공위성들은 그 지역을 비켜가도록 궤도를 조정하면 비교적 안전하게 계속 우주 개발을 해 나갈 수 있습니다. 이처럼 우주 쓰레기들을 보관할 수 있는 특정한 궤도를 묘지 궤도Graveyard Orbit라고 합니다. 말 그대로 우주 공간의 특정 지역에 쓰레기를 '묻어 두는' 셈이지요.

굳이 우주에 올라가지 않고 지상에서 우주 쓰레기를 처리하는 방식도 있습니다. 강한 빛줄기(레이저)를 발사하면, 그 대상은 광압Light

그물이나 자석을 활용하거나 직접 인공위성이 달라붙어서 우주 쓰레기를 수집하는 것 등 다양한 방식의 우주 쓰레기 해결 방안이 연구되고 있다.

Pressure, 즉 빛의 압력을 받게 됩니다. 레이저로 우주 쓰레기를 직접 조준해 비추면서 우주 쓰레기의 궤도를 바꾸거나, 아니면 아예 강한 광압으로 녹이는 것입니다.

인류가 지구를 벗어나고, 궤도에 인공위성을 올리게 된 지도 벌써 반세기가 지났습니다. 지구뿐 아니라 태양계 곳곳에서 많은 탐사선들이 돌고 있고, 또 많은 탐사선들이 고장 나거나 연료가 다 떨어져서 은퇴식을 가졌지요. 인류의 우주에 대한 호기심이 사라지지 않는

한, 지구 주변의 우주 공간은 계속 더 많은 우주 쓰레기들로 채워질 것입니다.

우주는 마냥 우리의 일상과 동떨어진 세계가 아닙니다. 점점 더 가까워지고 있지요. 정말 머지않은 미래에, 운이 나쁘면 새로 산 옷에 비둘기 똥이 떨어지는 것처럼 인공위성 조각이 내가 사는 집에 떨어지는 날이 올지도 모릅니다.

지구의 하늘을 앞으로도 더 빼곡하게 채울 인공위성과 우주 쓰레기들의 위협 속에서 우리의 안전을 확보하기 위해 쉬지 않고 우주를 감시하는 영웅과 같은 천문학자들이 있습니다. 이들의 성공적인 감시 활동과 인공위성들의 무사고 운전을 기원해 봅니다.

1문 1답 정리 노트

Q. 우주가 쓰레기로 가득 차 있다고 하던데, 정말인가요?

야구공보다 더 큰 우주 쓰레기는 2만 개 이상, 그보다 작은 구슬 정도의 우주 쓰레기는 50만 개 이상이 됩니다. 손톱보다 더 작은 미세한 파편까지 따지면 1억 개가 넘고요!

Q. 우주 쓰레기는 왜 생기는 거죠?

인공위성을 궤도에 올리기 위한 로켓들은 단계별로 추진력을 낸 뒤 우주 공간에 버려집니다. 그리고 우주 쓰레기들끼리의 충돌, 인공위성끼리의 충돌 등으로 인해 파편의 개수는 점점 늘어나고 있어요.

Q. 왜 굳이 우주 쓰레기를 감시해야 하는 걸까요?

진공에 가까운 우주 공간에서 지구 곁을 맴도는 작은 부스러기들은 초당 7㎞ 정도의 속도를 가지고 있습니다. 이렇게 빠른 속도를 지닌 물체가 인공위성이나 우주선에 부딪히면 굉장히 위험하지요. 그래서 우주 쓰레기를 감시하는 일은 인공위성을 띄우는 것만큼이나 중요한 과제가 되었습니다. 미국항공우주국은 이미 1960년대부터 우주 쓰레기를 감시해 오고 있지만, 우주 쓰레기는 줄지 않고 꾸준히 빠르게 증가하고 있어요.

Q. 우리나라도 우주 쓰레기 감시 작업을 하고 있다고요?

지구 곁에서 도는 우주물체들은 큰 위협이 될 수 있기 때문에 많은 나라들이 이를 감시하는 작업에 참여하고 있습니다. 우리나라도 우주 쓰레기를 감시하기 위해 우주물체 전자광학 감시 시스템을 운용하고 있어요!

04

외계인은 지구를 침략할까?

#외계생명체 #조건 #별에서온우리

#만나요 #미래에보내는신호 #가장가까운외계인

외계인이 안겨 주는 지구의 평화

혼자 외국 여행을 하다가 우연히 가게나 길에서 한국 사람을 만나면 왠지 반가운 마음이 들지요. 그것은 우리가 열렬한 애국자이기 때문일까요? 아마도 낯선 사람들로 가득한 낯선 공간에서 조금이라도 나와 공통점을 공유하고 있는 다른 사람을 만났을 때 본능적으로 호감을 느끼는 것일 겁니다. 일 때문에 처음 만난 낯선 사람이 알고 보니 내가 좋아하는 야구 팀의 또 다른 열렬한 팬이라는 사실을 알았을 때 느끼는 묘한 동질감과 같은 맥락입니다.

우리는 모두 가족의 구성원이고, 한 마을의 시민입니다. 현대 사회를 살아가는 우리는 다양한 범주의 공동체에 속해 있습니다. 그리고 우리는 그 사람과 혈연관계가 아니더라도, 심지어 얼굴과 이름도 모르는 익명의 사람일지라도 단지 같은 공동체에 속한 일원이라는 이유로 동료애와 소속감을 공유합니다. 하지만 이러한 소속감은 양날의 검이기도 합니다. 나와 같은 그룹에 속한 이들에게는 무조건적으로 너그럽고 이타적인 시선으로 대하는 반면, 의견과 특성이 조금이라도 다른 그룹에 속한 이들에 대해서는 배타적인 태도를 취하기 쉽죠. 잘못된 방향으로 단결된 애국심은 제국주의를 만들어 냈고, 지나친 민족애는 인종 차별과 지역 갈등을 야기합니다.

하지만 정치적 · 문화적으로 갈라진 사람들 사이의 갈등이 잠시 미루어지고 그들이 하나로 뭉치는 때가 분명히 있습니다. 공교롭게도 외세의 침략이 있을 때입니다. 이전까지는 각자가 속한 지역이라는 작은 단위의 공동체만 생각하며 살았지만, 보다 더 큰 단위의 공동체가 위협해 오면 힘을 모아 대항하게 되지요.

> "그런데 우리는 다른 이들에게서 못마땅한 구석을 더 쉽게 발견한다. 그들은 우리와 같을 수 없기 때문이다. 따라서 우리는 그들을 적으로 만들고 지상에다 산 자들의 지옥을 건설한다."
>
> —움베르토 에코Umberto Eco, 『적을 만들다』

그동안 다투던 두 공동체가 함께 비난하고 공격할 수 있는 외부의 또 다른 적을 설정함으로써 공감대와 동질감을 형성할 수 있습니다. 외부의 새로운 적이 나타났을 때, 내부에서 서로 다투는 것은 효율적이지 않습니다. 외부의 적이 사라질 때까지만이라도 일시적인 평화 선언이 필요하죠.

1930년대 일본과 전쟁을 시작하면서, 이전까지 치열한 힘겨루기를 하던 중국의 공산당과 국민당은 일시적인 화해를 하고 함께 일본의 침략을 방어하는 국공 합작을 꾀했습니다. 이후 그 짧은 협력도 결국 내전으로 결렬되기는 했지만, 외부 세력이 공격해 올 때 서로 싸우던 작은 공동체들이 화해를 이룬다는 명제를 증명하는 하나의 역사적 사례입니다.

우리 인류의 역사는 전쟁의 역사라고 해도 과언이 아니지요. 돌멩이를 쥐고 싸우던 원시 시대부터 버튼 하나로 도시 하나를 파괴할 수 있는 첨단 무기를 갖춘 오늘날까지, 인류는 각자 자신의 공동체에 속한 채 아슬아슬한 신경전을 이어 오고 있습니다.

역사가 증명하듯이 서로에 대한 오해는 참혹한 결과를 만들었습니다. 하지만 우리 인류는 망각의 동물이지요. 과거의 상처에서 얻은 교훈의 유통 기한은 그리 길지 않은 것 같습니다. 이기적이고 배타적인 태도로 긴장감을 고조시키는 일이 세계 곳곳에서 점점 자주 일어납니다.

이런 분위기가 단번에 해결될 수 있다면 엄청나게 솔깃하겠지요. 어떤 방법이냐고요? 바로 외계인이 지구를 침공하는 것입니다. 외계인의 지구 침공을 다루고 있는 「인디펜던스 데이」Independence Day, 1996나 「우주 전쟁」The War of the Worlds, 2005 등 많은 영화를 보면, 무시무시한 기술력으로 무장한 외계인의 함선이 지구를 공격할 때 모든 나라의 군대가 협력해서 지구를 지키는 아름다운 결말을 볼 수 있습니다.

행성이 파괴되는 상황에서 종교 갈등, 영토 분쟁은 무의미합니다. 일단은 우리가 생존하기 위해 지구라는 행성을 지켜 내는 것이 먼저니까요. 만약 먼 미래에 정말로 외계인의 침공을 한차례 겪게 된다면, 폐허가 된 지구에 남은 인류는 당분간 국경을 넘어 하나의 공동체로서 서로를 사랑하고 그리워하게 될 것입니다. 물론 그 교훈의 유통 기한이 얼마나 길지는 모르겠지만요.

이런 이야기를 하면, 마치 지구 문명의 존속을 위해서는 주기적으로 큰 전쟁이나 재앙이 일어나야 한다고 주장하는 파괴론자처럼 보일지도 모르겠습니다. 하지만 저 역시 외계인의 침공을 바라는 것은 전혀 아닙니다. 외계인이 지구에 찾아오길 기다리지 않는 것은 아니지만, 정말로 찾아온다면 이왕이면 호의적이고 교양 있는 종족이기를 바랍니다.

지구의 '셀카'

"지구는 푸르다." —유리 가가린Yuri Alekseevich Gagarin

1961년 소련의 우주 비행사 가가린이 최초로 지구 주변 궤도를 돌고 무사히 귀환한 이후부터 국제 우주정거장에 수많은 우주인들이 방문하기까지 인류는 반복해서 우리 고향 행성을 대기권 바깥에서 내려다보는 경험을 하고 있습니다. 지구 주변을 낮게 맴도는 인공위성 카메라로는 지구 전체를 담을 수 없습니다. 시야 가장자리에 걸친 지구의 둥근 곡률을 볼 수 있을 뿐이지요. 하지만 가가린의 첫 비행 이후, 인류는 계속해서 지구로부터 더 멀리 벗어나며 지구를 바라봤고, 인류가 바라보는 지구의 모습도 점점 작아졌습니다.

1969년 드디어 지구에서 가장 가까운 천체인 달 위에 인류의 발자국이 찍혔습니다. 당시 아폴로 11호의 승무원은 암스트롱Neil Alden Armstrong, 1930~2012, 올드린Buzz Aldrin, 1930~, 그리고 콜린스Michael Collins, 1930~였습니다. 세 명은 모두 동갑내기였지요. 그런데 고생해서 달까지 간 세 명 모두가 달 위에 발자국을 남길 수는 없었습니다. 셋 중 가장 비행 실력이 좋았던 콜린스는 달 주변을 맴도는 사령선에 남아서 다른 두 명의 동료가 달에서 마음껏 활보하고 무사히 귀환하기를 기다려야 했죠.

두 명의 동료가 달에서 작업을 마치고 다시 귀환선을 타고 사령선과 도킹하기 위해 올라오는 순간, 콜린스는 잿빛 달 지평선 위로 멀리 떠오른 둥근 지구를 배경으로 하여, 동료들이 타고 있는 귀환선의 모습을 사진에 담았습니다. 그날 그가 찍은 사진에는 당시 지구에 남아 있던 모든 사람들과 사령선으로 돌아오고 있는 두 명의 동료가 담겨 있습니다. 그 사진에 담기지 않은 사람은 콜린스 한 사람뿐입니다. 재미있는 이야기죠.

매일 지구에서 달을 바라봤던 지구인들에게 아폴로 우주인들이 보내온, 달에서 바라본 지구의 모습은 새로웠습니다. 그나마 달은 지구에서 가장 가까운 외부 천체인데도 지구에서 달까지의 거리는 38만㎞가 넘습니다. 지구와 달 사이에 지구가 30개가 넘게 들어갈 정도로 멀리 떨어져 있죠.

우리는 보통 지구와 달을 그릴 때 작은 종이 안에 지구와 달을 바짝 붙여서 그립니다. 하지만 지구와 달의 실제 크기와 거리를 고려하여 한 장의 종이에 두 천체를 모두 담는 것은 굉장히 까다로운 일입니다. 멀리서 탐사선들이 촬영한 지구와 달의 모습을 보면, 지구의 중력이 어떻게 그렇게 멀리 떨어진 작은 달에까지 영향을 줄 수 있는지 신기하고 어색하게 느껴질 거예요.

지금껏 가장 먼 곳에서 지구를 되돌아본 지구의 셀카는 1990년 밸런타인데이에 촬영되었습니다. 1977년 지구를 떠난 보이저 1호Voyager 1는 마침 운 좋게 태양계 변두리를 맴도는 거대한 가스 행성들, 즉 목성과 토성, 그리고 천왕성과 해왕성 곁을 지나가는 궤도를 따라 움직일 수 있었습니다. 그 덕분에 거대한 행성들의 중력의 도움을 받아 태양계 외곽 멀리까지 계속 속도를 높여 나갈 수 있었지요.

지구와의 거리가 계속 멀어지면서 곧 교신이 어려워지는 지점이 다가오자, 천문학자들은 내심 아쉬운 마음이 들었어요. 그들은 보이저 1호가 정말 멀어지기 전에 마지막으로 카메라의 앵글을 돌려서 우리가 살고 있는 지구, 그리고 태양계 행성들의 가족사진을 찍으려 시도했습니다. 보이저 1호의 예민한 촬영 장비가 태양 쪽으로 고개를 돌리면 강한 햇빛에 상하지 않을까 염려하는 목소리도 있었지만 인류 역사상 가장 낭만적인 밸런타인데이를 보낼 수 있는 기회를 놓칠 수는 없었습니다.

다행히 보이저 1호는 무사히 태양계 가족사진을 촬영했습니다. 너무 밝은 태양 빛에 파묻힌 수성과 광학 장비에 반사된 태양 빛에 가려진 화성을 제외한 다른 행성들의 모습은 모두 작은 점으로 멀찍이 떨어져서 기다란 가족사진의 화폭을 채우고 있습니다. 보이저 1호는 태양계 바깥으로 벗어나는 마지막 순간, 인류에게 우리의 모든 역사가 펼쳐졌던 고향 행성이 그저 작고 '창백한 푸른 점'The Pale Blue Dot이었다는 것을 확인시켜 주었습니다. 사진 속에서 우리는 모두 한 픽셀 안에 담긴 창백한 푸른빛으로 섞여 있습니다.

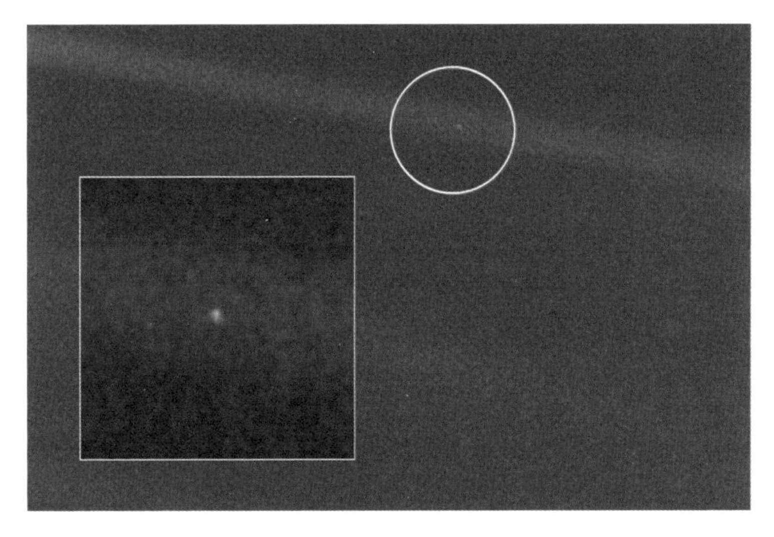

약 60억km 떨어진 지점에서 보이저 1호로 촬영한 지구의 모습. 사진 속 한 픽셀보다 더 작은 얼룩이 바로 우리가 살고 있는 지구이다. 이런 지구에 천문학자들은 '창백한 푸른 점'이라는 별명을 붙여 주었다.

외계인은 존재할 확률이 더 높다

고대 인류의 마음속에서 지구는 우주의 중심이었고, 우주는 고작 지구 주변을 맴도는 태양과 행성 몇 개로 이루어진 작은 세계였습니다. 그러나 행성과 별들의 움직임을 정밀하게 관측하면서 지구가 우주의 중심이라는 오해는 풀리게 되었고, 이제 지구는 우주 한가운데 주인공의 자리에서 쫓겨나 태양 주변을 맴도는 작은 돌멩이 중 하나가 되어 버렸지요.

천문학자들은 그 태양마저도 지름 10만 광년의 거대한 은하계 변두리에 위치한 작은 별이라는 것을 확인했습니다. 태양은 우주에 분포하는 수많은 별들 중에서 지극히 평범하고 특별할 것 없는 별로 강등됐지요. 태양도 그저 다른 별들과 마찬가지로 핵융합 반응을 통해 스스로 빛을 내는 동그란 가스 덩어리일 뿐이라는 걸, 이제는 모두가 알고 있습니다. 심지어 우리 태양은 우주 전역에 분포하는 모든 별들 중에서 평균 이하로 작은 크기에 속합니다.

천문학자들의 계속되는 발견과 관측을 통해, 지구와 태양을 바라보던 우리의 눈에 씌워진 콩깍지는 벗겨졌습니다. 그다지 특별하지도 않고 볼품도 없는 지극히 평범한 별과 행성이라는 현실이 적나라하게 드러나 버린 것입니다.

하지만 그런 천문학자들의 매서운 사실 확인에도 불구하고, 최근까지 우리 지구와 태양계의 자존심을 지켜 주었던 사실이 한 가지 있습니다. 바로 우리 지구만이 우주에서 유일하게 생명체가 살고 고등 문명을 꽃피운 행성이라는 기대와 믿음입니다.

공식적으로 지금까지 지구가 아닌 우주의 다른 곳에서 생명체가 존재하고 있음을 확인한 적은 없습니다. 화성이나 목성, 토성 등 다양한 태양계 행성에 여러 탐사선을 보내어 수십 년째 탐사를 이어오고 있지만 정황 증거만 확인되었을 뿐 외계 생명이 존재한다는 스모킹 건Smoking Gun, 즉 강력한 증거는 아직 찾지 못했지요.

하지만 천문학자들은 증거의 부재가 부재의 증거는 아니라는 희망을 지니고 있습니다. 앞에서 셈을 해 보았듯이, 이 넓은 우주에는 정말 많은 별들이 있습니다. 그리고 그 별들은 대부분 주변에 행성들을 여러 개 거느리고 있을 테니, 행성의 수는 별의 수보다 더 많지요. 그렇게 많은 행성들 가운데서 오직 우리가 살고 있는 이 지구에만 생명체가 있어야 할 이유는 없습니다. 오히려 또 다른 행성에 생명체가 살고 있다고 추측하는 것이 더 합리적이지요.

"이 넓은 우주에 오직 우리만 산다는 것은 공간의 낭비다."

—칼 세이건Carl Edward Sagan

대부분의 천문학자들은 지구 바깥 외계 생명체에 대해 낙관적인 기대를 하고 있습니다. 영화에서 나오는 것처럼 지구를 침공하는 외계 문명까지는 아니더라도, 최소한 갓 진화를 시작한 원시 세포 수준의 생태계는 꽤 많으리라고 추측합니다.

보통 외계인이나 외계 문명이라고 하면 공상 과학 영화나 소설에서 다룰 법한 비과학적인 주제라고 생각하는 경우가 많습니다. 그러나 외계인과 외계 문명을 찾는 것은 현대 천문학에서 진지하게 다뤄지고 논의되는, 매우 전문적인 분야입니다.

인간을 비롯한 지구상 대부분의 생명체는 물이 있어야 생존할 수 있습니다. 또한 현대 생물학의 진화론적 관점에 따르면 처음으로 지구에서 탄생한 생물, 즉 단세포 동물들은 모두 원시 바다에서 처음 출현한 것으로 추정됩니다. 동식물 모두 최초에는 수중 생활을 했고, 진화를 거듭하면서 서서히 육상으로 올라온 것이지요. 따라서 지구 바깥에서 외계 생명체를 찾기 위해서는 고여 있는 물을 찾아야 합니다. 불과 10여 년 전만 해도 지구는 태양계에서 가장 물을 많이 머금고 있는 천체라고 여겨졌죠. 그러나 최근 진행된 다양한 태양계 천체 탐사를 통해 그 믿음이 잘못되었다는 것을 알게 되었습니다. 그와 함께 오직 지구만이 우주에서 유일하게 생명이 살고 있는 곳이라는 마지막 자존심도 조금씩 흔들리기 시작했지요.

지금까지 가장 많은 로봇과 탐사선이 방문한 곳은 화성입니다. 현재의 화성은 차갑게 메마른 붉은 모래 사막의 모습을 하고 있지만, 화성 표면에서 쉽게 발견되는 다양한 흔적들은 과거 화성에도 물이 풍부했다는 것을 암시합니다. 특히 2016년에는 화성 주변을 맴도는 궤도선이 화성 표면에서 액체 상태로 흐르는 물, 즉 유수의 증거를 발견했습니다. 화성에 따뜻한 계절이 찾아오면서 표면에 얼어 있던 얼음이 물이 되어 녹아 흘러내려 산사태가 일어나는 현장을 포착했죠.

화성보다 더 멀리 떨어진 목성과 토성 주변에서도 천문학자들의 마음을 설레게 하는 다양한 발견이 이어지고 있습니다. 목성과 토성 자체는 가스 행성이기 때문에 발을 디딜 땅이 없습니다. 따라서 풍선처럼 하늘에 떠서 살아가는 생물이 아니라면 우리에게 익숙한 고전적인 생명체가 목성과 토성에 살고 있으리라고 기대하기는 어렵죠. 그 대신 목성과 토성 주변을 맴도는 작은 얼음 위성들에서는 생명의 흔적을 기대할 수 있습니다. 지구의 열 배 정도로 덩치가 큰 목성과 토성은 강한 중력으로 주변에 크고 작은 위성을 여럿 거느리고 있습니다. 목성과 토성은 태양에서 멀리 떨어져 있기 때문에 이

화성 주변을 맴돌며 그 표면을 탐사하는 마스 익스프레스(Mars Express)는 화성 표면 70.5°N/103°E에 위치한 바스티타스 보레알리스(Vastitas Borealis) 크레이터에서 다량의 얼음으로 이루어진 얼음 지대를 발견했다.

곳의 온도는 아주 낮고, 목성과 토성 주변의 위성은 대부분 표면이 모두 얼음으로 뒤덮여 있답니다. 목성의 얼음 위성 유로파Europa, 그리고 토성의 얼음 위성 엔셀라두스Enceladus는 곁의 거대한 가스 행성으로부터 강한 중력의 괴롭힘을 받아 얼음 표면에 갈라진 틈이 많습니다. 추운 날씨에 터진 손등처럼 표면에 거칠게 금이 가 있죠.

유로파와 엔셀라두스 주변을 지나가는 탐사선들은 이들의 갈라진 틈 사이로 강한 물줄기가 뿜어져 나오는 현장을 목격했습니다. 얼음 표면 아래 가득한 액체, 즉 바다가 갈라진 틈으로 우주 공간을 향해 분수처럼 뿜어져 나오는 것입니다. 지구보다 훨씬 작은 유로파와 엔셀라두스의 지하에 매장된 바닷물의 양은 지구 표면에 얕게 고여 있는 바닷물의 양과 맞먹는 수준입니다.

2016년 천문학자들은 토성 탐사선 카시니Cassini의 궤도를 틀어 엔셀라두스의 표면 위로 새어 나오는 물줄기 속을 지나가도록 했습니다. 엔셀라두스의 지하 바닷물 속에 어떤 성분이 녹아 있는지 확인하려는 시도였죠. 천문학자들은 엔셀라두스의 물줄기 속에서 다량의 수소 분자를 검출했습니다. 물에 녹아 있는 수소 분자는 미생물이 먹이로 섭취하는 중요한 에너지원입니다. 엔셀라두스의 물줄기 속에서 미생물 자체를 발견하지는 못했지만, 미생물의 먹잇감이 존재하는 것은 확인한 것입니다.

이러한 환경은 지구에서도 쉽게 발견할 수 있습니다. 태양 빛이 들어오지 않는 깊은 바닷속, 즉 심해에서는 태양 빛으로 광합성을 하는 방법으로는 영양분을 섭취할 수 없습니다. 그래서 많은 심해 생물들은 뜨거운 물이 스며 나오는 해저 바닥의 열수구를 이용하지요. 열수구 주변에서 화학 성분을 섭취하며 생태계를 유지하는 것입니다. 천문학자들은 바로 이러한 심해 열수구가 엔셀라두스 얼음 표면 아래에 숨어 있을 것이라고 기대하고 있습니다.

현재 미국항공우주국과 유럽의 천문학자들은 유로파와 엔셀라두스에 직접 탐사선을 보내 외계 생명체의 흔적을 조사하는 미션을 준비하고 있습니다. 지금까지는 그 주변을 스쳐 지나가면서 멀리서 바라보는 방식이었지만, 새로 계획하고 있는 탐사는 로봇이 위성 표

카시니 탐사선이 촬영한 토성의 위성 엔셀라두스 표면 바깥으로 지하 바닷물이 뿜어져 나오는 외계 온천의 모습이다. 천문학자들은 이 물줄기 안에서 생명체가 영양분을 섭취하고 신진대사를 할 수 있다는 가능성을 보여 주는 중요한 증거들을 발견했다.

면에 착륙한 후 얼음에 구멍을 뚫어 지하 바닷물 속으로 직접 들어가는 방식입니다. 지구 바깥의 외계 바다에 로봇 물고기를 보내는 것입니다.

어쩌면 정말로 20~30년 안에 토성 곁에서 살고 있는 새우, 목성 주변에서 살고 있는 미역을 발견하게 될지도 모르겠습니다. 언젠가 식탁에서 토성산 새우튀김, 목성산 미역국을 별미로 먹을 수 있는 날이 오지 않을까요? 천문학자들의 외계 생명체 탐사와 함께 우리 인류의 식탁이 더욱 풍성해지기를 기대해 봅니다.

천문학자가 계산하는 내 몸값

태양계 곳곳에 흩어져 있는 생명의 재료들, 다양한 원소들로 만들어진 우리 인간의 '몸값'은 얼마 정도일까요? 우주에 살고 있는 우리 인류, 또 어디선가 살고 있을지 모르는 외계인을 포함해 우주에서 살아가는 생명체는 얼마 정도만 있으면 만들 수 있을까요? 오로지 부피와 질량만을 가지고 인간을 바라보는 화성에서 온 인류학자가 있다고 가정해 봅시다. 인간 개개인의 삶이나 추억 등 무형의 가치는 무시하는 이 화성인 인류학자는 우리를 당황스럽게 만들 것입니다. 우리를 저울에 달아보고, 크기도 재고, 원심 분리기로 성분 분석도 할지 모릅니다. 이 잔인하고 냉정한 화성인 인류학자의 눈으로 보면 우리 인간의 몸값은 얼마 정도나 될까요?

외계인 인류학자들은 우리 신체를 구성하는 다양한 성분들을 종류별로 나누고, 각각의 양을 측정해 볼 것입니다. 그리고 그들은 우리 몸을 만드는 각종 재료들의 값을 매겨서 지극히 물리학적인 몸값을 계산할 수 있을 것입니다. 인간 과학자들 가운데서도 실제로 이를 계산해 본 사람이 있습니다. 물론 진짜로 실험을 한 것은 아니고, 지금까지 알려진 인간의 신체를 구성하는 다양한 요소들의 양을 고려하여 사고 실험으로 추측한 것이지요.

우리 인간의 몸은 단단한 뼈, 그리고 그것을 움직이게 하는 근육과 부드러운 피부 등의 요소로 이루어져 있습니다. 특히 우리 몸속에서 가장 큰 비중을 차지하는 성분은 물이지요. 물은 몸속 여러 분비관을 따라 흘러 다니며 곳곳에 필요한 영양분을 전달하고, 체온을 유지시킵니다. 우리 몸의 70%나 차지하는 물은 평균적으로 생수 40ℓ 정도의 양입니다. 우리 몸속의 지방을 모두 모으면 대략 70여 개의 양초를 만들 수 있고, 주로 뼈에 있는 인 성분을 긁어모으면 성냥의 붉은 머리 200개 정도를 만들 수 있습니다. 신진대사를 하는 생명체에게 가장 중요한 성분 중 하나인 탄소는 연필심 900여 개를 만들 수 있을 만큼의 양이 우리 몸속에 있습니다. 혈액에 녹아 있는 철분을 모두 긁어모으면 7.5㎝ 정도 크기의 못을 하나 만들 수 있고요. 우리 몸을 구성하는 성분들을 이렇게 가게에서 살 수 있는 잡화들로 바꿔서 그에 맞는 가격을 매겨 보면 우리 몸은 대략 5만 원 정도 되는 듯합니다. 세상에 고작 그것뿐이라니! 물리학적 셈법이 로맨틱하지 못하다는 것쯤은 양해하고 넘어갈까요?

여기서 만족하지 않고 더 세밀한 눈으로 우리의 몸을 바라볼 수도 있습니다. 이보다 더 근원적인 재료들까지 생각해 보는 것이지요. 몸을 구성하는 물, 철분 등의 구성 요소들은 여러 원소들이 모이고 합쳐져 만들어진 화학적 화합물입니다. 따라서 인간의 신체는 갖가지 원소들의 화학적 화합물을 한가득 담고 있는 가죽 주머니라고 볼 수 있죠. 우리는 수많은 작은 원소들이 모여서 만들어진 복잡한 생명 기계입니다.

맛집의 국물을 몰래 훔쳐 그 안에 들어 있는 재료의 종류와 양을 다 알아냈다고 해서 맛집의 국물을 그대로 재현할 수는 없지요. 우리 몸을 구성하는 원소들도 아무렇게나 반죽되지 않고 딱 적재적소에 자리하고 있습니다. 그 덕분에 우리가 살아 움직일 수 있는 것이죠. 그 수많은 원소들이 어떻게 적절한 자리에서 제 역할을 하면서 이 커다란 생명 기계를 작동시키는지를 밝히는 것은 생물학의 영역이라고 볼 수 있습니다. 그 생명 기계를 이루는 작은 원소들이 어디에서 왔는지 그 기원을 추적하는 것은 물리학과 천문학의 과제이고요. 천문학자들은 인간이라는 가죽 원소 주머니에 담긴 각 재료들의 정확한 원산지를 표기하려고 합니다. 바로 우리의 천문학적 고향을 찾고 있는 것이지요.

우리 몸은 어디에서 왔을까요? 지금의 우리 신체는 부모의 몸속에 있던 유전자가 반반씩 결합되어 형성된 것입니다. 계속 부모의 부모로 쭉 거슬러 올라가면 아마 태초의 인류, 태초의 원시 생명체까지 도달할 수 있을지 모릅니다. 어쨌든 현재 우리의 몸을 이루고 있는 다양한 원소들은 오래전 지구에 존재하던 성분일 것이라고 생각할 수 있습니다. 즉 지금의 우리를 구성하는 원소들의 최초 원산지는 지구일 것이라고 추측되었지요. 그러나 최근 10여 년간 천문학자들은 의외의 답을 찾아냈습니다. 우리 몸을 구성하는 원소들의 진짜 원산지는 지구 바깥이라고요!

우주의 역사는 지금으로부터 약 130억 년 전, 빅뱅과 함께 우주 시공간이 형성되면서 시작했습니다. 지구에서는 굉장히 다양한 종류의 원소들이 발견되거나, 과학자들에 의해 인공적으로 만들어집니다. 지금까지 과학자들이 그 존재와 특성을 알아낸 원소들은 주기율표Periodic table를 가득 채우고 있죠. 원자 번호 1번 수소를 시작으로 아주 많은 종류의 원소들이 쭉 이어집니다. 원소의 종류를 구분하는 가장 중요한 요소 중 하나는 질량입니다. 수소는 중심에 양성자 하나, 그 주변에 전자 하나만 있으면 완성되는 가장 가벼운 종류의 원소입니다. 뒤이어 양성자와 전자가 계속 하나씩 더 붙으면서 차례대로 더 무거운 원소 종류가 이어집니다.

우주가 갓 태어났던 초기에는 지금처럼 원소가 다양하지 않았습니다. 빅뱅 직후 아직 뜨거운 열기로 가득했던 우주 공간에서는 그 열기를 가득 머금은 작은 입자들이 빠르게 돌아다니고 있었죠. 빠르게 돌아다니는 작은 입자들은 침착하게 한데 뭉쳐 있을 수 없습니다. 그래서 우주 초기에는 기껏해야 양성자 하나 곁에 전자가 맴도는 가장 간단한 형태의 수소나 만들어질 수 있었지요. 현재 우리 몸을 이루고 있는 탄소·칼슘 등 주기율표상에서 한참 뒤에 나오는 무거운 원소들은 우주 초기부터 함께 존재한 것이 아닙니다. 그렇다면 애초에 우주에 존재하지도 않았던 이 다양한 성분들은 어디서, 어떻게 만들어진 것일까요?

우리는 모두 '별에서 온 그대'

오리온은 바다의 신 포세이돈의 아들로, 천상에서 최고의 사냥 솜씨를 뽐냈다고 하지요. 오리온자리는 겨울 밤하늘에서 밝게 빛나는 대표적인 별들이기 때문에 별자리를 잘 알지 못하는 사람들도 어렵지 않게 찾을 수 있습니다. 오리온이 높이 들고 있는 팔 아래 겨드랑이에는 주황빛으로 밝게 빛나는 별, 베텔게우스Betelgeuse가 있습니다. 아랍어로 베텔게우스는 '겨드랑이'를 의미합니다. 그 아래로 쭉 내려오면 작고 밝은 별 세 개가 연이어 놓여 있는데, 이를 오리온의 허리띠라고 합니다. 그보다 더 아래 오리온의 발등에는 희고 밝은 별이 놓여 있습니다. 이 별은 리겔Rigel이라고 불리며, 이는 아랍어로 '발'을 의미합니다. 말 그대로 겨울 밤하늘에 오리온의 신체가 걸려 있는 것이지요.

한편 오리온의 왼쪽 겨드랑이에서는 심상치 않은 일이 벌어지고 있습니다. 사냥꾼의 겨드랑이에서 노릇노릇 빛나고 있는 베텔게우스는 머지않은 시기에 거대한 폭발과 함께 우주에서 자취를 감추게 됩니다. 별은 진화의 최종 단계에 도달하면, 내부의 불안정한 상태를 견디지 못하고 초신성이 되어 산산이 흩어지게 되지요. 베텔게우스가 폭발하는 모습은 지구의 밤하늘에서도 굉장한 장관을 만들어 낼 것입니다. 폭발 후 3일 만에 보름달의 100배에 가까운 밝기로 밝아지고, 약 3개월 동안 비슷한 밝기를 유지할 것으로 예상됩니다. 그 밝기는 아주 밝아서 해가 뜬 낮 동안에도 초신성을 어렵지 않게 볼 수 있을 거예요.

겨드랑이 쪽에 폭발을 앞둔 별이 있어 긴장을 늦출 수 없는 오리온의 처지를 보면, 어릴 적 읽었던 동화에 등장하는 아기장수 우투리가 떠오릅니다. 우투리는 자신의 어머니에게 콩을 볶아 달라고 부탁했습니다. 그 콩을 엮어서 갑옷을 만들고 전투에 나가 싸우려는 것이었지요. 그런데 어머니는 콩을 볶던 중 튀어나온 콩 한 알을 먹어 버리는 실수를 했습니다. 콩이 한 알 부족해지는 바람에 우투리는 한쪽 겨드랑이를 가리지 못하는 갑옷을 입고 참전했습니다. 안타깝게도 적의 화살이 뚫린 겨드랑이에 명중하면서 우투리는 세상을 떠났지요. 오리온도 베텔게우스가 초신성으로 폭발한 후 약 4년의 시간이 흐르면 점차 폭발의 여명이 희미해져 한쪽 겨드랑이를 영원히 잃어버리게 됩니다.

진화 막바지에 이른 초신성이 폭발하면 어떤 일이 생길까요? 큰 초신성이 폭발과 함께 사라지는 순간, 별의 외곽 껍질은 주변 공간으로 산산이 부서져 흩어지게 됩니다. 동시에 별이 오랜 시간 핵융합을 반복하여 만든 무겁고 다양한 원소 찌꺼기들도 주변 공간으로 빠르게 퍼져 나가지요. 초기 우주에는 기껏해야 수소와 헬륨 정도뿐이었지만, 수억 년 동안 반복해서 많은 초신성들이 만들어지고 폭발했습니다. 우주에는 많은 초신성들이 남긴 잔해가 계속 조미료처럼 뿌려졌지요.

우리의 몸, 가족들의 몸, 여러분이 키우는 강아지나 고양이의 몸, 그리고 우리가 발을 디디고 살고 있는 행성 지구는 모두 오래전 이 근처

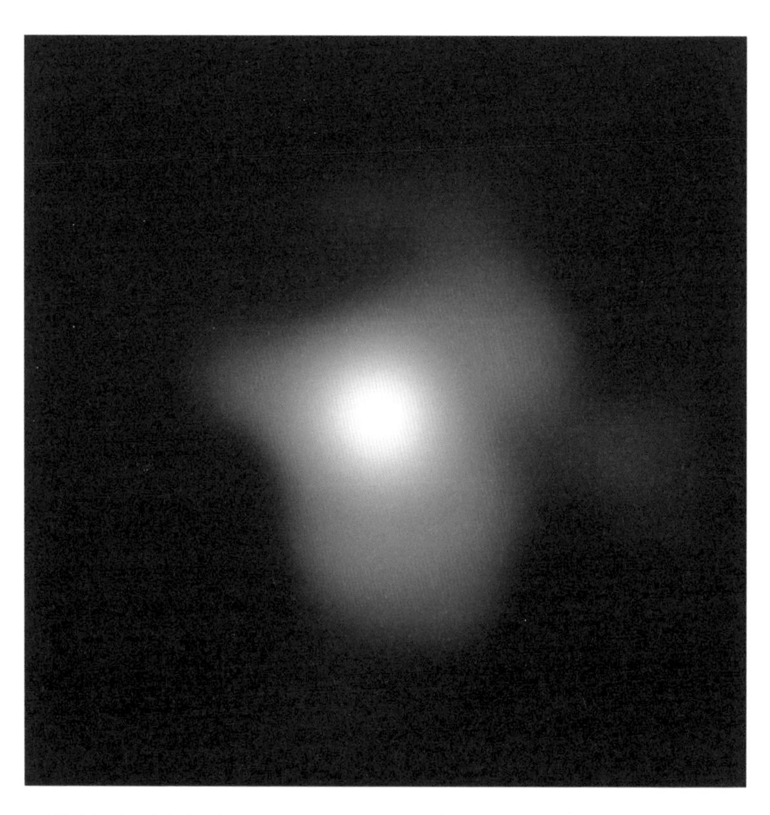

오리온자리 한구석에 자리하고 있는 베텔게우스를 직접 관측한 모습이다. 최근 천문학자들은 거대한 전파망원경으로 약 640광년 거리에 떨어진 이 별을 관측하여 그 본모습을 직접 확인했다. 사진 중심의 둥근 얼굴과 별 외곽으로 퍼져 나가는 가스 기둥의 모습을 어렴풋하게 확인할 수 있다.

에서 폭발했던 초신성이 남기고 간 잔해를 모아서 만든 천문학적 재활용품이라고 볼 수 있습니다. 우리 몸속에는 수억 년 전 폭발했던 초신성의 추억이 녹아 있습니다. 이 세상을 살고 있는 우리는 모두 예전에 방영되었던 한 텔레비전 드라마의 제목 그대로 '별에서 온 그대'가 됩니다.

같은 초신성을 공통 조상으로 두고 있는 먼 친척, 즉 동성星동본인 것이지요.

다시 베텔게우스 이야기로 돌아가 볼까요. 천문학자에 따라서는 베텔게우스가 이미 폭발했을 것이라고 보는 이도 있습니다. 다만 아직 폭발한 순간의 빛이 지구에 도달하지 않았으리라는 것이지요. 아무리 멀리 잡아도 수천 년 안에 인류는 베텔게우스의 임종을 목격할 수 있으리라 예상됩니다.

가까운 곳에서 초신성이 폭발하는 것은 흔한 일은 아닙니다. 그런데 고대 기록 가운데 흥미로운 것을 하나 발견할 수 있었습니다. 동서양을 막론하고 세계 각지에서 1054년경 하늘에 갑자기 밝은 섬광이 나타났다는 관측 기록을 남겨 둔 것이지요. 실제 폭발은 훨씬 더 오래전에 이루어졌겠지만, 그 초신성 폭발의 빛이 지구에 도달한 때는 대략 1054년경이었을 것으로 추정됩니다.

이때 폭발한 초신성이 있던 자리에는 초신성의 잔해가 남아 있습니다. 게딱지 모습을 하고 있다고 해서 게성운Crab nebula이라고도 불리지요. 천문학 지식이 지금보다 훨씬 모자랐던 당시에 밤하늘에 불현듯 나타났던 초신성 폭발 모습은 사람들에게 어떻게 다가왔을까요? 공포를 느끼는 사람, 신의 저주라고 생각하는 사람들이 많았을 것입니다. 이제 우리는 충분한 지식을 가지고 있으니 두려움 없이 베텔게우스의 폭발 모습을 즐길 수 있겠지요. 빨리 베텔게우스가 분발(?)해서 우리 시대에 화려한 우주 쇼를 만끽할 수 있기를 바라봅니다.

빅뱅 달력

우주 전체 역사의 규모를 실감하기 위해, 빅뱅 직후 지금까지의 우주의 역사를 1년으로 하는 달력을 상상하는 경우가 있습니다. 빅뱅이 일어났던 그 태초의 순간을 1월 1일로, 그리고 바로 지금 이 순간을 12월 31일로 하는 달력을 생각해 볼까요? 우주 전체 역사의 길이를 1년이라고 한다면, 인류가 문자로 기록을 남기면서 살아온 문명사회의 역사는 고작해야 마지막 하루의 마지막 1분 남짓뿐입니다. 그 짧은 시간 중, 인류가 밤하늘을 바라보며 현대적인 의미의 천문 활동을 한 시간은 훨씬 더 짧겠지요. 몇 초밖에 되지 않습니다. 그 짧은 찰나에 인류는 천문학을 통해 우주의 1년 세월을 되짚어 보고 있는 것이지요.

우주가 만들어지고 지난 137억 년의 시간 동안, 우주 전역에 흩어져 있던 작은 입자들이 모여 수많은 1세대 별이 태어났고, 그중 많은 별들이 장엄한 폭발과 함께 흔적을 감췄습니다. 그리고 그 잔해가 다시 모여서 다음 세대의 별과 행성을 만들었지요. 그 잔해들 속에서 지구라는 행성이 만들어졌고, 우연히 그 행성 위에서 잔해가 모여 지금의 우리가 만들어졌습니다.

그렇게 우주에 모습을 드러낸 우리 인류는 이제 천문학적 여행을 통해 우주의 시간을 거슬러 올라가며, 우리를 만들어 낸 우주의 공정을 되짚어갑니다. 천문학적으로 볼 때, 우리 인류를 포함해 우주 어딘가에서 살고 있을 모든 생명체들의 진짜 고향은 바로 이 우주 자체입니다. 밤하늘을 올려다볼 때 아름다움을 느끼고 마냥 가슴이 설레는 것은, 어쩌면 우리가 바라보는 그곳이 약 130억 년 동안 우리를 만들어 낸 진짜 고향이기 때문은 아닐까요? 우리가 밤하늘을 사랑하고 동경하는 것은 이 기나긴 시간을 그리워하는 향수병 때문은 아닐까요? 우리는 오늘도 머나먼 고향을 바라보고 있습니다.

외계인은 얼마나 많이 있을까?

앞에서 재룟값만 따지자면 우리 돈으로 달랑 5만 원에 인간을 만들 수 있다고 이야기했지만, 그 재료가 만들어지기까지 이 우주가 130억 년간 펼쳐 온 대진화의 역사를 빠뜨려선 안 됩니다. 그리고 그 시간의 값어치는 헤아릴 수 없겠지요. 천문학자인 칼 세이건은 애플파이를 만들기 위해서는 가장 먼저 우주를 만들어야 한다는 농담을 하기도 했습니다. 우주의 유구한 역사에서 탄생한, '별에서 온' 우리는 또 다른 생명체를 찾아 나서고 있지요.

인간의 욕심은 끝이 없습니다. 우리가 정말 바라는 것은 외계에서 살고 있는 새우나 미역이 아니지요. 우리처럼 생각하고 말하고, 역사와 기술을 발전시켜 온 외계 문명을 바랍니다. 과연 정말로 영화나 게임에 등장하는 것처럼 우리 인류에 버금가는, 아니 훨씬 더 고도로 발달한 외계인들의 사회가 존재하고 있을까요? 존재하더라도 우리는 그것을 어떻게 확인할 수 있을까요?

미국의 전파 천문학자 드레이크Frank Donald Drake, 1930~는 외계 문명, 외계 지성체에 대한 논의가 본격적으로 시작되던 1960년대에 굉장히 재미있는 방정식을 내놓았습니다. 그는 우리가 살고 있는 우리은하계에서 인류와 전파 통신을 주고받으며 서로의 안부를 확인할 수 있는 외계 문명의 수가 얼마나 될지 가늠해 보려 했지요. 우리가 전파 안테나로 얼마나 많은 외계 문명의 인공 신호를 포착할 수 있을지, 드레이크는 여러 가지 변수와 확률을 고려하여 계산해 보았습니다.

드레이크의 방정식Drake's Equation은 요즘 짝을 찾아 주는 결혼 정보 업체의 방식과 다소 비슷한 면이 있습니다. 만약 결혼 정보 업체를 통해 이상형을 찾고자 한다면, 지구 전체 인구 목록에서 이상형에 부합하는 사람들을 추려 내야 할 것입니다. 우선 상대의 성별을 골라야겠죠. 여성과 남성, 둘 중 하나를 선택하면 세상 사람의 절반은 후보에서 떨어져 나갑니다. 그다음으로 서로 대화가 통해야 하므로 언어를 공유하는 사람이거나 다른 언어를 배울 의지가 있는 사람으로 한정해야겠지요. 또한 허용할 수 있는 나이 차이를 고려하면 다시 그 수가 확 줄어들 것입니다. 더불어 선호하는 성격이나 외모 등 다양한 이상형 변수가 추가됩니다. 여러분이 까다로울수록 곱해야 하는 변수는 더 많아지고, 만날 수 있는 짝의 수는 더 줄어듭니다. 물론 가장 파악하기 어려운 변수이자 가장 중요한 변수, 상대방의 마음도 고려해야 하지요. 이 과정을 지극히 수학적인 언어로 표현해 본다면 아래와 같을 것입니다.

$$N = P \times S \times f1 \times f2 \times f3 \cdots \times L$$

N: 지구상에서 연애 가능한 짝의 수

P: 지구의 전체 인구

S: 선호하는 젠더의 확률 ~ 0.5

f1, f2, f3…: 다양한 이상형의 조건(성격, 키, 얼굴, 직업, 목소리 등)

L: 상대방이 나를 좋아해 줄 확률 ~ 0.00000000…000001(?)

위의 식에 따르면 나의 인연이 될 가능성을 지닌 사람의 총수 N을 늘릴 수 있는 방법은 간단합니다. 내가 짝을 선택하는 이상형의 조건들을 1에 가깝게 아주 너그러운 확률로 설정하거나 지구의 전체 인구 P가 폭발적으로 늘어나기를 바라면 되지요. 경우에 따라서는 위의 식을 통해 계산한 최종 결과 값 N이 1보다 작을 수도 있습니다. 하지만 희망을 버리지 마세요. 지구 바깥, 우주까지 고려해 보면 되니까요.

요즘은 국제 커플도 어렵지 않게 만날 수 있는 시대가 된 만큼, 다른 행성에 살고 있는 외계인과 연애하는 우주급 커플도 언젠가는 등장할지 모릅니다. 물론 먼 거리 탓에 메시지를 주고받는 데 아주 큰 인내심이 필요하겠지요.

다른 행성에 살면서 인류와 메시지를 주고받을 수 있을 정도로 전파 통신을 발달시킨 외계 문명은 얼마나 많이 존재할 수 있을까요? 앞의 방정식과 비슷한 방식으로 우리은하계에 살고 있는 통신 가능한 외계 문명의 수를 유추해 봅시다.

$$N = R \times fp \times Ne \times fl \times fi \times fc \times L$$

N: 우리은하에서 교신 가능한 외계 문명의 수
R: 우리은하에서 평균적으로 매년 태어나는 별의 수
fp: 별 곁에 행성이 존재할 확률
Ne: 별 곁에서 생명이 살 수 있는 조건을 갖춘 행성의 수(평균값)
fl: 실제로 그 행성에서 생명이 탄생할 확률
fi: 그 생명이 지적 생명체로 진화할 확률
fc: 그 지적 생명체가 전파 통신 기술을 가질 만큼 발전할 확률
L: 그 문명의 존속 시간(단위: 년)

이 드레이크 방정식에 들어가는 각 변수의 정확한 값은 알기 어렵습니다. 실제로 1970년 드레이크의 주최로 천문학에서 생물학, 사회학 등 다양한 분야의 전문가들이 모여서 이 방정식의 각 변수를 어느 정도로 볼 수 있을지 진지한 토론을 진행한 적도 있지요.

간단하게 이 방정식을 따라가 볼까요? 천문학자 드레이크나 세이건은 비교적 너그럽게 변수를 설정했습니다. 천문학자들은 우리은하에서 매년 태양 하나 정도의 별이 태어나고 있다는 것을 알고 있습니다. 즉 R의 값은 '1개/년'입니다.

최근 10년 동안 천문학자들은 멀리 떨어진 다른 별 주변을 맴도는 행성이 별빛을 가리면서 만드는 그림자를 관측하여 2,000여 개가 넘는 외계 행성들을 발견했습니다. 그리고 그 수는 계속해서 늘어나고 있지요. 이러한 추세를 고려해 우주의 전체 별 가운데서 절반 정도는 행성을 가질 수 있다고, fp는 약 0.5 정도라고 생각해 보죠.

우리 태양계의 경우 지구와 화성, 두 개 정도가 적당한 온도 조건을 갖고 있습니다. 지금은 아니지만 과거에는 화성에도 생명체가 존재했을 수도 있다고 추측됩니다. 별 주변의 행성 가운데 생명이 살 수 있는 조건을 지닌 행성의 수 Ne를 두 개 정도로 생각해 봅시다. 지금으로서는 우리가 생명 진화의 샘플로 들 수 있는 예가 지구밖에 없습니다. 지구의 경우를 보면 생명이 살 수 있는 조건만 충족되면 생명 진화는 자연스럽게 되는 것으로 볼 수 있습니다. 또한 충분한 시간만 있다면 그런 생명이 인류와 같은 통신 기술을 이용하는 지적 생명체로 자연스럽게 진화할 수 있을 것으로 보입니다. 확실하지는 않지만 아주 너그럽게 생각해서 생명이 탄생할 확률 fl과 지적 생명체가 될 확률 fi, 그리고 통신 기술을 사용하게 될 확률 fc 모두 1이라고 해 봅시다.

여기까지 나온 대략적인 변수들의 값을 드레이크 방정식에 대입해 계산해 보면 유의미한 결과를 얻을 수 있습니다.

N = 1개/년 × 0.5 × 2 × 1 × 1 × 1 × L년 ~ L개

드레이크 방정식에 따르면, 인류가 전파 통신으로 교신하고 발견할 수 있는 외계 지적 문명의 개수는 우주에서 지적 문명이 존속할 수 있는 기간에 비례합니다. 앞서 짝을 만날 수 있는 방정식에서 가

장 중요하면서도 가장 알기 어려운 변수가 상대방의 마음이었던 것처럼, 우리은하계에 살고 있는 외계 지적 문명의 수를 유추할 때 가장 중요하면서도 가장 알기 어려운 값은 바로 L, 즉 지적 문명의 평균 존속 기간입니다.

인류가 지구에서 버틸 수 있는 시간

우주 곳곳에 살고 있을 지적 문명들의 평균 존속 기간이 아주 길다면 그만큼 우리가 그들의 신호를 발견할 확률은 높아집니다. 반면 우주의 문명들이 일반적으로 얼마 가지 않고 자멸한다면 우리가 그들의 신호를 발견할 수 있는 기회는 적어지겠지요.

우리가 그들과 만나기 위해서는 우리의 신호가 그들에게 닿을 때까지, 그리고 그들의 답신이 다시 우리 지구의 안테나에 닿을 때까지 모두 무사히 살아남아 있어야 합니다. 아직 인류는 지구에 자리를 잡은 이후 멸망해 본 적이 없기 때문에 L값이 얼마인지, 인류와 같은 지적 문명이 존속할 수 있는 기간은 몇 년 정도인지 유추할 수 없습니다. 한 가지 확실한 것은 우리 인류가 스스로를 사랑하지 않는다면 L값의 추정치는 계속 작아지리라는 것입니다.

인류 문명의 존속 기간 L값으로 우리은하계에 존재하는 외계 문명의 수 N을 유추하는 것을 거꾸로 생각하면, 외계 문명의 수 N을 정확히 알 수 있다면 인류 문명의 존속 기간 L을 유추할 수 있다는 결론이 나옵니다. 만약 천문학자들이 열심히 탐사한 덕분에 꽤 많은 외계 문명의 전파 신호를 발견한다면, 그것은 곧 우주 문명들의 평균적인 L값이 꽤 길다는 것을 의미할 것입니다. 따라서 비록 우리가 지금 여러 국제적 갈등과 재난 속에서 고통받고 있지만, 우리도 다른 외계 문명들처럼 여러 위기를 잘 이겨 낼 것이고 앞으로 꽤 오랫동안 문명을 유지하며 살아갈 수 있다는 희망을 얻을 수 있는 것이지요.

반대로 계속되는 탐사에도 불구하고 결국 외계 문명의 신호를 포착하는 데 실패한다면, 그것은 단순히 외계인을 발견하지 못했다는 아쉬움에서 그치는 것이 아니라 우리 인류 문명의 수명도 그리 길지 않으리라는 무서운 의미일지도 모릅니다. 즉 천문학자들의 외계 문명 탐사를 통해 인류 문명의 앞날을 내다볼 수 있는 것이지요. 어쩌면 지금 외계인들도 우리처럼 애타게 다른 외계 문명의 신호를, 우리의 신호를 찾고 있을지도 모릅니다.

외계인과의 교신을 위한 지구인들의 노력

천문학자들은 지구 곳곳에 거대한 전파 안테나를 설치하고 먼 우주의 은하나 별들의 신호뿐 아니라 혹시 외계 문명으로부터 날아오고 있을지 모르는 인공 신호들을 기다리고 있습니다. 푸에르토리코 Puerto Rico의 산꼭대기에는 지름 300m가 넘는 거대한 아레시보 망원경Arecibo Telescope이 있습니다. 크기가 너무 커서 고개가 돌아가는 접시 안테나로 만들지 않고, 산꼭대기에 거대한 구덩이를 파서 우주에서 쏟아지는 전파를 모읍니다.

지적 외계 생명체를 찾는 탐사 미션인 세티SETI, Search for Extra-Terrestrial Intelligence의 일환으로 천문학자들이 모여 1974년 11월 16일, 아레시보 망원경을 이용해 별들이 많이 모여 있는 구상성단 M13을 향하여 인류의 메시지를 발송한 적이 있습니다. 별들이 한데 모여 있는 이곳을 향해 전파를 쏘면 지구의 신호가 외계인에게 닿을 수 있는 확률이 더 높을 것이라고 기대했지요. 이 전파 메시지에는 인류의 DNA 정보, 태양계의 모습, 인체를 구성하는 기본 원소들의 원자 번호 등 다양한 정보가 들어 있습니다. 당시 안테나가 조준했던 구상성단까지 거리는 약 2만 5,000광년입니다. 빛의 속도로 날아가고 있을 아레시보 메시지Arecibo Message는 2만 5,000년 후에야 그곳에 닿을 수 있습니다. 만약 그곳에 누군가 살고 있어서 즉시 답을 보낸다 하더라도, 앞으로 5만 년을 기다려야 그 답을 확인할 수 있을 것입니다.

최근 중국은 아레시보 망원경보다 훨씬 더 큰 전파망원경을 건설했습니다. 중국의 새로운 전파망원경인 500미터급 구형 망원경FAST, Five hundred meter Aperture Spherical Telescope은 중국의 남부 구이저우성貴州省의 산지 한가운데에 설치되었습니다. 이 지역에 살던 주민들을 모두 쫓아내기까지 하면서 건설한 이 거대한 전파망원경은 아레시보 망원경보다 더 미세한 전파 신호까지 포착할 수 있을 것으로 기대됩니다.

이에 질세라 남아프리카 공화국과 호주에서도 우주에서 쏟아지는 전파 신호를 포착하기 위한 대규모 프로젝트를 진행하고 있습니다. 대륙 전체를 아우르는 넓은 면적에 전파 안테나를 가득 설치해서 우리은하계의 미세한 전파 신호를 모두 포착할 계획이라고 하며, 현재 계속 안테나들을 건설하고 있습니다. 프로젝트는 '제곱킬로미터 전파 천문대'SKA, Square Kilometer Array라고 부르지요. 따개비처럼 다닥다닥 깔리게 될 SKA의 전파망원경들은 2020년 즈음부터 본격적인 관측에 들어갈 계획입니다.

정말 이 넓은 우주에는 우리만 존재하고 있을까요? 인류와 같은 지적인 생명체와 그 문명은 얼마나 존속할 수 있을까요? 둥근 지구 표면을 덮어 가고 있는 거대한 전파망원경들은 이 어려운 질문에 대한 힌트를 찾아 줄 것이고, 인류는 결국 답을 찾을 수 있을 것입니다. 늘 그랬듯이 말이에요.

지구의 소식을 들을 수 있는 가장 먼 우주

인류는 다양한 전파를 주고받으며 살아갑니다. 텔레비전 방송을 보고 스마트폰으로 메시지를 주고받지요. 그리고 인류가 생활하면서 사용하는 전파는 의도치 않게 빛의 속도로 지구 바깥 우주 공간으로 계속 퍼져 나가고 있고요. 어쩌면 지구에서 퍼져 나간 전파 신

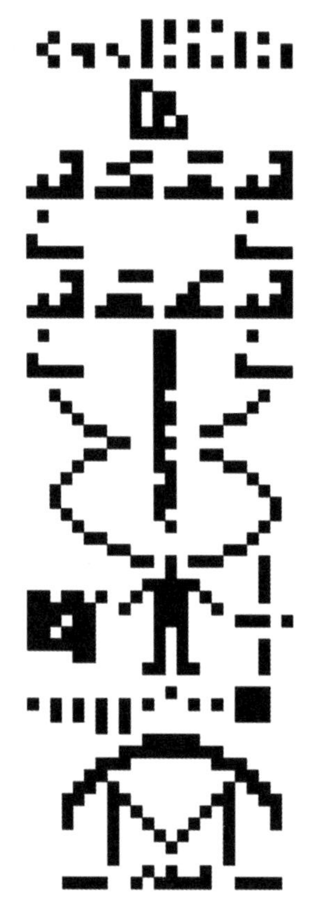

아레시보 메시지는 1974년 아레시보 전파망원경으로 약 2만 5,000광년 떨어진 구상성단 M13을 향해 송출한 인류의 첫 성간 메시지다. 당시 천문학자들은 별이 많이 모여 있는 구상성단으로 메시지를 보내면 외계 문명이 그 신호를 포착할 확률도 높으리라고 생각해서, 별이 빽빽하게 모여 있는 구상성단 중 하나를 골라 메시지를 보냈다. 이 메시지는 0부터 10까지의 숫자, DNA를 구성하는 대표적인 원소와 염기 서열, DNA의 이중 나선 구조, 사람의 모습과 평균 신장, 당시 인류의 인구 수, 지구를 포함한 태양계 행성들의 배치 등에 대한 정보를 이진법으로 전환한 숫자로 이루어져 있다.

호가 주변의 다른 외계 문명의 안테나에 포착되면서 그들 세계의 천문학자들을 설레게 만들고 있을지도 모릅니다. 그렇다면 인류의 신호는 우주에서 어디까지 퍼져 나가고 있을까요? 인류는 그동안 얼마나 멀리까지 존재의 흔적을 남겼을까요?

우선 이 답을 찾기 위해서는 인류가 우주 공간으로 발사한 가장 오래된 전파 신호가 무엇인지 따져 봐야 합니다. 인류가 지구 바깥으로 송출한 공식적인 최초의 신호는 히틀러의 1936년 베를린 올림픽 개막식 연설입니다. 우리나라의 손기정 선수가 마라톤 금메달을 수상하기도 했던 대회이지요. 이 신호는 70년 넘게 우주 공간으로 퍼져 나가고 있습니다. 만약 주변의 외계 문명이 지구의 신호를 처음 접한다면, 그것은 잡음이 가득 섞인 히틀러의 목소리일지도 모릅니다. 우주로 나간 첫 공식 신호가 평화의 메시지가 아닌 나치의 메시지라니, 아쉬운 마음이 듭니다.

인류의 전파 신호는 지구를 중심으로 둥근 공 모양으로 퍼져 나가고 있으며, 이 전파 거품Radio Bubble은 빛의 속도로 계속 크기가 커지고 있습니다. 물론 우주에서 빛은 가장 빠르지만, 그 속도는 일정합니다. 초속 약 30만km의 속도로 퍼져 나가는 빛은 그보다 더 빠르게 날아가지는 못하지요. 가장 빠른 빛에게는 규정 속도의 상한이 있는 것입니다.

그래서 빛의 속도로 퍼져 나가는 우주의 모든 정보는 전송되기까지 시간이 걸립니다. 가장 빠른 속도로 전송됨에도, 우주의 크기가 워낙 거대하기 때문에 멀리 떨어진 두 천체가 서로의 소식을 주고받기 위해서는 오랜 기다림과 인내심이 필요합니다.

해류의 속도가 일정한 바다가 있고, 그런 바다의 한가운데 섬에 누군가 표류하고 있다고 상상해 볼까요? 이 사람은 마지막으로 구조를 요청하는 마음을 간절히 담아 유리병 속에 메시지를 적어서 바다에 띄웠습니다. 이후 일정한 속도의 해류를 타고 이 병이 몇 년

후 어느 해변에서 발견되었습니다. 해류의 속도와 이 병이 해변까지 오는 데 얼마나 오랜 시간이 걸렸는지를 알 수 있다면, 그 사람이 표류하고 있는 섬까지의 거리를 계산할 수 있습니다.

그런데 여기서 중요한 것은 병 속에 담긴 메시지가 우리가 그 병을 줍는 순간의 이야기가 아니라는 점입니다. 병이 해변에 닿기까지 10년이 걸렸다면, 병 속의 메시지는 10년 전 종이를 넣는 순간의 이야기인 거지요. 우리가 지금 병을 발견한다 해도, 섬에 남아 있는 사람의 생사 여부는 장담할 수 없는 것입니다.

이처럼 10광년 떨어진 별에서 온 빛은 지금으로부터 10년 전에 출발해 이제야 지구에 도달한 빛입니다. 그 별을 보는 그 순간의 모습이 아니라 과거의 정보를 담고 있는 것이지요. 만약 우리가 1억 광년 떨어진 은하를 보고 있다면, 그것은 단순히 은하를 보는 것만이 아닙니다. 1억 년 전 출발한 은하의 빛에 담긴, 1억 년 우주의 이야기를 라이브로 목격하는 것입니다.

반대로 이 1억 광년 떨어진 은하에 사는 외계인이 지금 당장 우리 지구를 바라본다면 어떻게 될까요? 멀리 떨어진 작은 천체들도 잘 분간할 수 있는 성능 좋은 망원경을 가지고 있어서 지구 위 모습까지 확대해서 볼 수 있다고 상상해 봅시다. 이들은 지금 지구를 보더라도 우리의 모습은 볼 수 없습니다. 아직 우리의 모습을 담은 빛이 그들에게 도달하지 못했기 때문입니다. 대신 지금으로부터 1억 년 전 출발해 이제야 그 은하에 도달한 지구의 모습을 담은 빛을 보게 되지요. 지금 그들이 우리 지구를 보고 있다면, 그것은 공룡이 한창

뛰놀고 있는 지구의 모습일 것입니다.

별을 관측하다 보면 과거의 모습을 목격합니다. 이제 갓 도착한 따끈따끈한 과거의 살아 움직이는 모습을 보는 일이란 얼마나 멋진가요! 우리는 먼 우주의 살아 있는 '생화석'을 관측하고 있답니다.

하나의 별자리를 이루는 별들이더라도 그 별까지 떨어진 거리는 제각각입니다. 그리고 우리는 그 각각의 거리만큼 날아와 이제야 도착한 빛을 보는 것입니다. 비교적 가까운 거리에 있는 별이라면 비교적 가까운 과거에 출발했던 별빛을, 조금 더 먼 거리인 별은 조금 더 오래전에 출발했던 별빛을 보게 되는 것이지요. 즉 하나의 별자리여도 각 별까지 떨어진 거리만큼 다양한 과거의 모습이 중첩되어 있습니다. 매일 밤 우리 머리 위를 덮고 있는 우주는 단순히 별 몇 개, 은하 몇 개가 떠 있는 어둠에 불과한 것이 아닙니다. 우주가 시작되었던 130억 년 전부터 오늘까지 우주의 모든 역사, 과거의 순간이 겹쳐서 한꺼번에 펼쳐진 타임머신이라고 할 수 있습니다.

신카이 마코토 감독의 애니메이션 「별의 목소리」ほしのこえ, 2002에서 지구를 떠나 계속 더 멀리 떠나가는 미카코는 자신의 연인에게 휴대전화로 메시지를 보냅니다. 거리가 멀어질수록 메시지가 전송되는 데 걸리는 시간은 더 길어지고, 서로의 휴대전화에 도착하는 메시지는 점점 오래전의 소식을 담은 타임캡슐 같은 역할을 합니다.

"스물네 살이 된 노보루 군에게, 나는 열다섯 살의 미카코야."

—애니메이션 「별의 목소리」

천문학자들도 태양계 외곽으로 벗어나고 있는 많은 탐사선들과 이런 애틋한 기다림의 시간을 주고 받는 중입니다. 지구를 떠나 9년을 날아가 인류 최초로 명왕성 곁을 지나며 명왕성의 자세한 모습을 처음 사진에 담은 뉴호라이즌스New Horizons 탐사선은 그 빠른 속도를 줄이지 못하고 계속 태양계 바깥으로 날아가는 중입니다.

명왕성 곁을 지나던 당시 지구의 관제실에서 보낸 커맨드가 탐사선에 도착하기까지 약 4시간 반이 걸렸습니다. 지구에서 보낸 커맨드대로 탐사선이 작동을 하고 탐사선이 보낸 답이 다시 지구에 도착하기까지 아홉 시간이 소요됐지요. 계속 빠른 속도로 멀어지는 뉴호라이즌스 탐사선의 답장을 받기까지 기다려야 하는 시간은 계속 길어지고 있습니다. 지구의 안테나가 탐사선의 신호를 놓치게 될 때까지, 탐사선은 열 시간이고 열한 시간이고 계속 천문학자들을 기다리게 할 것입니다.

가장 가까운 외계인

우주에는 아주 작고 아담한 크기부터 어마어마하게 거대한 풍채를 자랑하는 별까지 다양한 체구의 별들이 존재합니다. 물론 '아담'하다는 건 별의 기준에서 그렇다는 이야기입니다. 뜨거운 가스 덩어리가 둥글게 모여 있는 별은 자신이 중심에 품고 있는 가스 원자핵으로 핵융합을 하며 에너지를 만들어 냅니다. 별의 덩치가 클수록 핵융합 에너지를 만드는 데 쓸 수 있는 재료가 많기 때문에 더 높은 온도로 활발하게 에너지를 만들어 내죠. 하지만 자신이 품고 있는 핵융합 연료를 소모하는 속도가 빨라져, 공교롭게도 더 큰 별일수록 우주에서 빛날 수 있는 수명은 더 짧습니다.

우리 지구의 경우 로켓을 발사하고 인터넷을 이용하는 수준까지 인류가 진화하는 데 약 45억 년이 걸렸습니다. 약 50억 년 전에 태어난 태양이 그 이전에 폭발하면서 사라지지 않고 지금까지 지구 생태계의 진화를 잘 기다려 준 덕분입니다. 질량이 태양보다 50배, 100배 더 큰 별들의 수명은 훨씬 짧습니다. 겨우(?) 수백만 년밖에 살지 못하지요. 만약 덩치 큰 별 주변에 생명이 싹틀 수 있는 환경적 조건을 갖춘 행성이 있다 하더라도, 그 행성에 생태계가 제대로 자리 잡고 진화하기까지 충분한 여유가 없는 셈입니다. 단세포 생물의 생태계 수준을 벗어나기도 전에 수명을 다한 거대한 별이 폭발과 함께 행성을 우주에서 지워 버릴 것이기 때문입니다.

그래서 천문학자들은 생명체가 존재하리라고 기대할 수 있는 별은 우리의 태양 정도, 혹은 그보다 더 자그마한 별들 주변일 거라고 말합니다. 태양보다 질량이 작아서 수명도 더 긴 별이라면 더 오랫동안 생태계의 진화를 참고 기다려 줄 수 있을 테니까요. 지금까지 인류는 여러 방법으로 태양이 아닌 다른 별 주변을 도는 외계 행성을 다수 발견해 왔습니다. 그러나 발견되는 외계 행성들이 지구와 너무 멀리 떨어져 있어서, 이러한 소식은 금세 흥미 바깥으로 밀려나고 말죠. 어떤 이는 조물주가 우주에 존재하는 여러 문명들이 서로 친해지는 것을 원치 않았기 때문에 일부러 서로 멀리 떨어뜨려 놓은 것이라고 상상하기도 합니다.

지금까지 발견된 외계 행성은 대부분 수백, 수천 광년만큼 떨어져 있습니다. 빛의 속도로 여행하더라도 행성에 도착하기도 전에 그 우주선 안에 탑승하고 있던 승무원들은 백골이 되어 버릴 거예요. 그렇다면 가까운 미래에 우리가 조금 더 빠른 우주 항법을 개발한다면 찾아가는 시도를 해 볼 수 있는, 그나마 납득할 만한 거리에 떨어져 있는 곳은 없을까요? 지금까지 발견된 가장 가까운 외계 행성은 어디일까요?

우리 태양과 가장 가까운 별은 센타우루스자리 방향으로 약 4.2광년 거리에 떨어진 프록시마 센타우리Proxima Centauri입니다. 지구와 태양 사이 거리보다 약 1만 5,000배 더 먼 거리이지만, 이 정도는 훨씬 더 멀리 떨어진 다른 별들에 비해서는 아주 가까운 거리라고 볼 수 있습니다. 다행히 프록시마 센타우리는 질량이 태양의 10분의 1 정도인 아주 작은 별로, 표면 온도도 태양의 절반 수준으로 미지근합니다. 그 주변 행성의 외계 생태계를 기대해 볼 수 있는 것이죠.

실제로 최근 유럽의 천문학자들은 이 별 주변을 돌고 있는 작은 행성의 존재를 확인했습니다. 별과 가까운 거리에서 행성이 움직이면서 중력을 주고받기 때문에 중심의 별도 조금씩 뒤뚱거리게 됩니다. 천문학자들은 이 미세한 별의 진동을 통해 프록시마 센타우리 주변을 맴도는 작은 행성을 확인했습니다.

이 행성은 지금껏 발견된 것 가운데 태양과 가장 가까운 외계 행성입니다. 지구와 같은 바위 행성으로, 지구보다 1.3배 정도 큽니다. 또 중심 별에 굉장히 가까이 달라붙어 있어, 작은 궤도를 지구 시간으로 겨우 11일밖에 되지 않는 짧은 주기로 맴돌고 있습니다.

그렇다면 지금껏 발견된 것 중 가장 가까운 이 외계 행성에 생명체가 존재할 수 있을까요? 코앞에 이런 외계 행성을 놓아두고 그동안 너무 먼 곳만 찾아 헤맨 것은 아닐까요? 흥미롭게도 이 행성은 중심 별 프록시마 센타우리로부터 적당히 떨어진 덕분에, 물이 액체 상태로 존재할 수 있는 적당한 온도를 유지하고 있을 것으로 추측됩니다. 별 자체는 태양보다 작고 미지근한 3,000도로 빛나고 있지만 행성이 별에 바짝 붙어 있는 덕분에 별빛을 가득 받아 따뜻한 온도를 유지할 수 있는 것입니다.

그러나 일부 천문학자들은 그 행성에 생태계가 존재하기 어렵다고 비관적으로 보기도 합니다. 미지근한 별 주변에 가까이 붙은 덕분에 따뜻한 온도를 유지할 수 있지만, 바로 그렇기 때문에 별 표면에서 불어 나오는 강한 에너지의 바람, 즉 항성풍Stellar wind의 영향을 받기 때문입니다. 태양과 지구 사이 거리의 20분의 1밖에 되지 않는 정도로 바짝 붙어 있으므로 이 행성은 분명 중심 별에서 불어 나오는 강한 항성풍을 고스란히 맞고 있을 것입니다. 지구가 받는 태양풍보다 이 행성이 받는 항성풍이 무려 2,000배나 더 강할 것으로 추정됩니다. 이렇게 강한 항성풍이 불어 닥치는 행성의 표면에서는 생태계가 멀쩡하게 번성하기 어려울 수 있습니다.

한편 이 행성은 중심 별에 워낙 가까이 붙어 있는 탓에, 별의 강한

프록시마 센타우리(왼쪽 위)를 그린 상상도. 지구에서 불과 4광년 정도 떨어진 아주 가까운(천문학자들의 기준으로) 별 프록시마 센타우리 곁에서 지구와 비슷한 환경을 갖고 있을 것으로 기대되는 행성이 발견되었다. 어쩌면 생각보다 가까운 곳에 우리와 비슷한 세계가 존재하고 있을지 모른다.

중력에 바짝 붙잡힌 채 궤도를 돌고 있습니다. 이는 지구와 달의 관계와 비슷합니다. 달은 지구의 중력에 강하게 붙잡혀 있어 계속 같은 면만 지구를 바라보죠. 그래서 지구에서 보면 달의 뒷면은 보이지 않습니다. 프록시마 센타우리 주변을 도는 이 행성도 중심 별의 중력 때문에 계속 같은 면만 별을 향하고 있습니다. 그러면 행성의 환경은 극단으로 치닫게 되지요. 별을 바라보고 있는 행성의 앞통수는 별빛을 잔뜩 받으면서 계속 온도가 높아집니다. 반면 별을 평생 등지는 뒷통수는 계속 차가워지고요. 딱 별빛이 새어 들어오기 시작하는 경계선, 이 외계 행성의 낮과 밤의 경계에서만 적당한 온도가 유지되면서 액체 상태의 물이 존재할 수 있을 것입니다. 빛이 새어 들어오기 시작하는 낮과 밤의 경계, 천체 표면의 명암의 경계를 터미네이터Terminator라고 합니다. 만약 이 가장 가까운 외계 행성에 생명체가 살고 있다면, 명암의 경계가 뚜렷하게 그려지는 터미네이터 부근에서만 겨우 삶을 연명하며 살아가고 있을지 모릅니다.

외계인, 지금 만나러 갑니다

현재까지의 관측 기술로는 프록시마 센타우리 곁의 행성처럼 비교적 가까운 행성이더라도 그 온전한 모습을 직접 사진에 담기 어렵습니다. 별과 달리 행성은 스스로 빛을 내지 못하고 별빛을 반사할 뿐이라 어렴풋하게 보이기 때문이지요. 게다가 밝은 별빛에 행성

천문학자들은 종이접기(오리가미)에서 힌트를 얻어 새로운 형태의 외계 행성 탐사를 준비하고 있다. 흐릿한 행성을 관측하기 어렵게 만드는 방해 요소를 가리기 위해 꽃잎 모양의 거대한 가림판, 즉 스타 셰이드(Starshade)를 펼친다. 그리고 그 가림판으로 별빛을 가린 채 별 바로 옆에서 움직이는 어둡고 흐릿한 행성의 흔적을 파헤칠 예정이다.

의 모습이 압도되어 버립니다.

멀리 떨어진 다른 별 주변을 맴도는 행성을 촬영한 사진에서는 작은 외계 행성이 주인공이고, 중심에서 크고 밝게 빛나는 별빛이 잡티가 되는 셈입니다. 지금까지 천문학자들은 마치 셀카 보정 앱으로 잡티를 제거하는 것처럼 사진 처리 프로그램으로 크고 밝게 빛나는 별빛을 제거해 그 옆에 숨어 있는 작은 행성들의 존재를 확인해 왔습니다.

앞으로 천문학자들은 보다 직접적인 방법으로 외계 행성의 모습을 촬영하는 미션을 준비하고 있습니다. 행성의 모습을 다 집어삼켜 버리는 중앙의 밝은 별을 아예 가려 버린다면, 조금 더 편하게 외계 행성을 볼 수 있지 않을까요? 눈앞에 지나치게 밝은 조명이 있을 때 손바닥으로 가려서 시야를 정리하는 것처럼, 거대한 가림판으로 별빛을 가린다면 그 옆에서 어렴풋하게 빛나는 작은 행성의 모습을 바로 볼 수도 있을 것입니다.

미국항공우주국의 천문학자들은 마치 톱니바퀴처럼 끝이 뾰족뾰족한 거대한 별 가림판을 접은 채로 우주 망원경과 함께 발사할 것이라고 합니다. 우주에 망원경이 올라가면 망원경 시야 앞에서 거대한 가림판이 자동으로 펼쳐져 별빛을 가려 주게 되지요.

최근 천문학자들은 프록시마 센타우리 곁의 작은 행성에 아주 인상적인 별명을 붙였습니다. 태양계를 벗어나며 카메라 앵글을 뒤로 돌려 찍은 사진을 보며 지구를 '창백한 푸른 점'이라고 불렀듯이, 4.2광년 떨어진 이 외계 행성은 '창백한 붉은 점'이라고 부르고 있습니다. 유럽에서는 이 창백한 붉은 점을 추가로 관측하며 프록시마 센타우리 곁에 또 다른 행성이 존재하진 않는지 연구하고 있습니다.

이 창백한 붉은 점은 우리와 가장 가까운 덕분에 가장 자세히 그 모습을 관측할 수 있는 외계 행성이 될지도 모릅니다. 이러한 기대감은 우리를 설레게 만들지요. 하지만 이제 겨우 가장 가까운 별 곁에 외계 행성이 존재하고 있다는 사실만 확인되었을 뿐입니다. 이 행성이 얼마나 크게 찌그러진 타원 궤도를 돌고 있는지, 그 궤도는 얼마나 기울어져 있는지 등 다양한 이야기들은 아직 밝혀지지 않았죠. 앞으로 더 많은 조사가 이루어져야만 이곳에 과연 누군가 살고 있지 않은지 추측해 볼 수 있습니다.

조사는 아직 완료되지 않았지만 처음으로 외계인을 만나러 갈 수 있을지도 모른다는 기대감에 마음이 분주합니다. 천문학자들도 점점 발전된 항법을 개발하고 있으니 꿈같은 이야기만은 아니죠. 화석 연료를 태워서 추진력을 내며 우주 공간을 항해하는 현재의 항법에는 한계가 있습니다. 이런 방식으로 프록시마 센타우리를 비롯한 주변의 다른 외계 행성까지 가기 위해서는 거의 우리 태양계에 있는 모든 물질을 연료로 사용해야 할 만큼 많은 에너지가 필요합니다. 이웃한 외계 행성으로 관광을 가기 위해 우리 고향을 파괴할 수는 없지요. 최근 천문학자들은 보다 효율적이고 평화로운 항법을 개발하고 있습니다. 뜨겁게 타오르는 가스 덩어리 태양은 사방으로 강한 에너지의 바람, 즉 태양풍을 불어 내고 있는데, 얇고 거대한 우주 돛을 펼쳐서 이 태양풍을 타고 멀리 날아가는 항법입니다.

소나기가 심하게 내리는 날 맨살에 빗방울을 맞으면 따가운 느낌이 드는 것처럼, 멀리서 불어오는 빠른 태양풍 입자의 소나기도 굉장히 강한 힘을 가지고 있습니다. 엄밀하게 말하면 '햇빛'에도 무게가 있지요. 태양이 떠 있는 낮 동안의 서울이 밤의 서울보다 수 킬로그램 정도 더 무겁다고 이야기할 수 있습니다. 이렇게 강력한 태양풍 입자들을 잘 이용하면, 과거 해적들이 큰 돛을 펼치고 망망대해를 항해했던 것처럼 태양풍을 우주 돛에 쓸어 담아 속도를 내는 일이 가능할 것입니다. 실제로 작은 크기의 시범용 우주 돛으로 진행한 실험

태양에서 사방으로 불어나오는 강한 태양풍을 바다에 부는 바람처럼 활용하는 새로운 우주 항법이 개발되고 있다. 거대한 태양 돛, 즉 솔라 세일(Solar Sail)을 펼쳐 탐사선을 멀리까지 빠르게 날아가도록 하는 것이다.

은 꽤 성공적이었습니다. 만약 돛을 크게 만들 수 있다면, 광속의 반의 반까지 속도를 낼 수 있을 것입니다.

일본의 천문학자들은 2020년에 손바닥만 한 작은 크기의 탐사선에 거대한 우주 돛을 달아서 프록시마 센타우리로 떠나 보내려는 미션을 준비하고 있습니다. 이 미션이 성공적으로 진행된다면 지구를 떠나 약 40년이 흐른 후 외계 행성에 인류의 흔적을 처음 남기는 순간을 맞이할 수 있을 것입니다. 작은 점, 사진 속 작은 얼룩이 아닌 표면의 육지와 바다, 하늘의 구름이 함께 선명하게 담긴 외계 행성의 첫 '인증샷'을 보게 되는 것입니다.

1문 1답 정리 노트

Q. 외계인은 있을까요?

대부분의 천문학자들은 최소한 갓 진화를 시작한 원시 세포 수준의 생태계는 꽤 많을 것이라고, 외계 생명체에 대해 낙관적으로 기대하고 있습니다. 그래서 생명체들의 진화에 중요한 역할을 하는 물이 있는 환경에 관심을 기울이며 학자들은 화성과 토성의 위성 엔셀라두스의 물 흔적과 성분을 조사했지요.

Q. 우리 몸을 이루는 원소들은 어디에서 왔나요?

진화의 막바지에 이르러 초신성이 폭발하면 산산이 부서져 흩어지면서 오랜 시간의 핵융합을 거쳐 만들어진 무겁고 다양한 원소 찌꺼기들이 주변 공간으로 빠르게 퍼져 나갑니다. 초기 우주에는 수소와 헬륨 정도만 존재했지만 수억 년 동안 만들어지고 폭발한 별(초신성)들이 우주 공간에 자신의 잔해를 흩뿌려 다양한 원소가 합성될 수 있었지요. 모든 인류와 동물의 몸, 그리고 지구는 이 근처에서 폭발한 초신성의 잔해가 모여서 만들어진 것이랍니다!

Q. 정말로 외계인과 교신하려는 시도가 있다고요?

푸에르토리코의 산꼭대기에 있는 아레시보 전파망원경을 비롯하여 전 세계 곳곳의 거대한 전파망원경을 이용해 우주에서 날아오는 은하나 별들의 신호, 혹시 외계 문명에서 날아오고 있을지 모르는 인공 신호를 포착하려 하고 있습니다.

Q. 외계인이 살고 있을지 모를 가장 가까운 행성은 어디인가요?

우리 태양과 가장 가까운 별은 약 4.2광년 거리의 프록시마 센타우리입니다. 최근 이 별의 주위를 돌고 있는 작은 행성이 발견되었는데, 이 행성은 물이 액체 상태로 존재할 수 있는 적당한 온도를 지니고 있는 것으로 추측됩니다. 천문학자들은 이 별을 비롯한 외계 행성들을 자세히 관측하기 위해 새로운 기술을 개발해 냈어요!

05

해와 달은 정말 하나뿐일까?

#태양은외톨이 #고향 #이렇게큰달 #왜
#잃어버린형제를찾아서 #달의뒷면 #고리 #두개의달

해와 달이 된 오누이

낮과 밤을 각각 비추는 해와 달은 딱 하나이기 때문에 더욱 특별했지요. 천문학이 충분히 발달하지 못했던 시절의 사람들에게, 하늘에 떠 있는 해와 달은 그 자체로 우주의 전부였습니다. 해와 달이 어떻게 만들어졌는지를 상상했던 이야기들은 세계 여러 나라에서 다양한 형태로 찾을 수 있습니다.

우리나라의 전래 동화 가운데 귀엽고 독특한 이야기가 하나 있지요. "떡 하나 주면 안 잡아먹지."라는 유명한 대사를 남긴 호랑이가 등장하는 '해와 달이 된 오누이' 이야기는 누구에게나 익숙할 것입니다. 늦은 밤 미처 다 팔지 못한 떡을 들고 집으로 돌아가던 어머니를 잡아먹은 호랑이는 집에서 어머니를 기다리고 있던 남매까지 노리고 찾아갑니다. 기지를 발휘하여 호랑이를 피해 나무 위로 도망친 남매는 하늘에서 내려 준 줄을 잡고 하늘로 올라갔고, 오빠는 해가 되고 여동생은 달이 되었습니다. 아직 남매가 하늘에 올라가지 않아 하늘에 해와 달이 생기지도 않았는데 이미 어머니가 '밤'에 집으로 돌아오고 있었다는 설정 오류는 눈감아 주도록 합시다.

만약 지구의 하늘에 해와 달이 하나가 아니라 여러 개씩 떠 있었다면, 옛날 사람들은 오누이의 가족을 마치 흥부네처럼 대가족으로 그리지 않았을까요? 지구의 해와 달은 왜 하나씩 있을까요? 우주 어딘가에는 해와 달이 더 많은 곳도 있지 않을까요?

태양은 혼치 않은 외톨이

지구에서 가장 가까운 별은 무엇일까요? 가물가물한 별자리를 더듬어 갈 필요는 없습니다. 지구에서 가장 가까운 별은 바로 태양입니다. 태양을 별이라고 하면 조금 어색하게 들릴 수도 있습니다. 보통 '별'이라고 하면 어두컴컴한 밤하늘에 떠 있는 작고 희미한 점을 먼저 떠올리기 마련이니까요. 우리에게 익숙한 모습의 그 별들은 모두 태양처럼 크고 거대하게 타오르고 있는 가스 덩어리입니다. 다만 너무 멀리 떨어져 있는 탓에 지구에서는 하늘의 작은 점으로 보이는 것일 뿐입니다.

태양도 우주에 분포하는 셀 수 없이 많은 별 중 하나에 불과하지만, 다른 별에 비해 훨씬 가깝기 때문에 지구의 하늘에서 가장 밝게 보이지요. 너무 밝아서 낮에는 태양 빛이 하늘을 가득 채워 버려 다른 작고 희미한 별빛을 덮어 버리는 것입니다.

그런데 태양은 우주의 다른 별들과 다른 특징을 지니고 있습니다. 별은 우주 공간에 흩어져 있던 가스 구름 입자들이 중력에 의해 한 곳에 모이면서 만들어집니다. 그리고 보통 별은 딱 하나씩 '짠' 하고 태어나지 않지요. 넓은 범위에 걸쳐 흩어져 있던 우주의 가스 구름이 수축하면서 그 구름 속에서 한꺼번에 아주 많은 동갑내기 별들이 태어납니다. 이렇게 거의 비슷한 시기에 태어난 별들이 모여서 아기 별들의 마을, 즉 성단을 형성합니다. 밤하늘에서 별들이 무리를 이루고 있는 지역을 아주 흔하게 찾을 수 있지요. 이처럼 별은 외로움을 잘 타고, 보통은 혼자 덩그러니 떨어져 있지 않는답니다.

하지만 우리가 잘 알고 있듯이 태양 곁에는 별들의 무리가 없지요. 이 사실은 오랫동안 천문학자들을 당혹스럽게 했습니다. 대체 무슨 사연으로 태양은 이렇게 혼자 떨어져 있게 되었을까요? 대체 태양은 우주 어디에서 태어난 것일까요? 태양의 '천문학적 고향'은 정확히 어디일까요?

강제로 쫓겨난 태양의 눈물 나는 사연

다른 별과 달리 태양이 너무나 특별해서, 유일하게 태양만 혼자 태어난 것은 아닐 것입니다. 천문학자들도 태양이 처음 만들어졌을 때는 다른 형제들과 함께 무리 지어 있었으리라고 추측하고 있지요. 그렇다면 태양과 함께 태어났던 형제들은 어디에 있을까요? 태양은 왜 고향을 버리고 혼자 출가를 한 것일까요?

태양은 약 46억 년 전 태어났습니다. 태양 정도의 덩치라면 앞으로도 지금까지 살아온 만큼 더 타오르며 빛을 낼 수 있습니다. 우리의 태양은 지금 한창 인생의 중반기, 전성기를 달리는 중입니다. 46억 년 전 태양이 반죽되었던 거대한 가스 구름 속에서 다른 별들도 알알이 맺혔습니다. 가스 구름이 중력에 의해 수축할수록 밀도는 더 높아지고, 밀도가 높아질수록 안으로 끌어당기는 중력도 더 강해져 더 빠르게 수축합니다. 차를 마실 때를 생각해 볼까요? 찻잔 바닥에

차 찌꺼기가 말라서 덩어리질 때, 하나의 큰 덩어리만 남지 않고 바닥에 작은 덩어리가 여러 개 남습니다. 이와 같이 거대한 가스 구름도 중력에 의해 모일 때 모두 한곳으로만 집중되지 않습니다. 구름이 수축하면서 곳곳에 주변보다 조금 더 밀도가 높은 반죽 덩어리가 만들어집니다. 그리고 그 지역을 중심으로 많은 별 송이들이 마치 포도송이처럼 알알이 맺히게 되지요.

그런데 우리의 태양은 그 가스 구름 속 탄생 과정을 겪으면서 불의의 사고를 당했습니다. 어린 성단에는 갓 태어난 어린 별들이 바글바글 모여 있기 때문에 '교통정리'가 잘 되지 않는 상황이 빚어지고는 합니다. 성단의 혼잡 지역에서 가까운 별들끼리 강한 중력으로 서로를 끌어당기다 보면 상대적으로 가볍고 연약한 별이 멀리 튕겨져 날아가는 경우가 발생할 수 있습니다.

우리 태양은 지구와 비교해 크기는 100배 이상, 질량은 30만 배 이상 크지만 우주에 존재하는 모든 별들을 모아 놓고 보면 그리 크지 않습니다. 지금까지 알려진 별들 가운데서 가장 큰 크고 무거운 별인 R136a1은 태양의 300배 이상 되는 무거운 질량을 지니고 있지요. R136a1은 거대하고 기괴한 모습을 지닌 독거미 성운 인근 방향으로 약 16만 광년 떨어져 있으며, 태양보다 870만 배나 더 밝게 빛나는 어마어마한 별입니다. 말 그대로 '슈퍼스타'인 이런 별들에 비하면 우리 태양은 '귀요미' 수준이지요.

태양보다 수십 배 더 무거운 별들도 어렵지 않게 찾을 수 있습니다. 거대한 가스 구름이 뭉치면서 태양보다 훨씬 무거운 별부터 더 가벼운 별까지 다양한 질량의 동갑내기 별들이 함께 태어났습니다. 하필이면 태양 가까이에 힘이 강한 무거운 별들이 있었고, 그 별과의 힘겨루기에서 밀린 태양은 무거운 별에 의해 강제로 무리로부터 떨어져 나갔던 것입니다. 즉 갓 태어난 아기 별들 사이에서 벌어진 치열한 '밀어내기'의 여파로 태양은 지금처럼 혼자 덩그러니 빛나게 된 것입니다.

태양의 잃어버린 형제를 찾아서

그렇다면 태양의 잃어버린 형제들은 어디에 모여 있을까요? 별들의 세계에서 형제, 혈육은 어떻게 찾을 수 있을까요? 현재 천문학자들은 게자리 방향으로 약 2,900광년 떨어진 M67 성단을 태양의 '친자 확인'을 할 수 있는 유력한 후보지로 생각하고 있습니다. 잃어버린 가족을 찾을 때 사람 몸속의 유전자를 채취하여 비교하죠? 별들이 잃어버린 가족을 찾는 방법도 비슷합니다. 뜨겁게 빛나고 있는 별들 속에는 그 별이 태어나던 당시의 환경과 시기를 특정할 수 있는 고유의 유전 정보가 들어 있습니다. 한군데 모여 있던, 동일한 가스 구름에서 태어난 형제 별들은 모두 비슷한 화학 성분과 함량을 지니고 있지요.

사람은 직접 머리카락을 뽑는 등의 방법으로 몸속의 유전 정보를 직접 확인할 수 있지만, 별의 화학 성분을 알아보러 날아가기에는 별들은 너무 멀리 떨어져 있습니다. 천문학자들에게는 간접적으로 별 속의 유전 정보를 캐내는 노하우가 있습니다. 하얀 햇빛을 프리즘으로 바라보면 백색광에 섞여 있던 다양한 파장의 빛 성분이 갈라지면서 알록달록한 무지개를 그립니다. 천문학자들은 태양 빛을 프리즘으로 쪼개 보는 것처럼 다른 별빛도 쪼개서 그 별빛에 어떤 파장의 빛깔이 섞여 있는지 확인합니다.

각 별의 빛깔은 어떤 화학 원소가 뜨겁게 달아올라 빛을 내고 있는 것인가에 따라 달라집니다. 축제 날 하늘로 쏘아 올리는 불꽃놀이가 각 폭죽 안에 담겨 있는 화학 원소의 성분에 따라 알록달록한 빛깔을 내는 것처럼요. 각 화학 원소 성분들이 어떤 빛깔로 빛나는지를 알고 있기 때문에, 프리즘으로 쪼개 별빛을 분석하면 어떤 화학 성분들이 각각 어떤 비율로 섞여서 타오르고 있는 것인지 알 수 있습니다.

천문학자들은 바로 이런 방법으로 인접한 성단을 조사했고 그 가운데서 우리 태양과 가장 비슷한 화학 성분과 함량을 지닌, 즉 가장 유사한 천문학적 유전 정보를 공유하는 별들이 한데 모여 있는 성단을 찾았습니다. 바로 M67이지요. 태양은 약 46억 년 전 M67 성단을 이루고 있는 별들과 함께 태어나, 무거운 별들과의 중력 겨루기에 밀려 지금의 위치까지 멀리 튕겨져 날아왔을 것입니다. 지금도 태양은 고향 후보지 M67로부터 아주 빠르게 멀어지고 있습니다. 그 속도만 무려 시속 11만㎞에 달하지요.

천문학자들은 M67 성단이 태어나고 별들이 힘겨루기를 하고 태

태양과 함께 태어났던 동갑내기 별들이 살고 있을 것으로 추정되는 성단 M67의 모습.

양이 떨어져 나온 과정의 시뮬레이션을 진행했습니다. 이 시뮬레이션상으로는 태양이 M67로부터 멀어지는 속도가 시속 20만㎞로 계산되었습니다. 실제 속도보다 약 두 배 가까이 더 빠른 계산 결과이지요. 이는 태양 곁에서 지구를 비롯한 다른 행성이 안정적으로 버틸 수 있는 수준의 속도가 아닙니다. 만약 정말로 M67에 태양의 잃어버린 형제들이 살고 있다면, 조금 더 안정적이고 느린 속도로 태양이 떨어져 나오는 모습을 설명할 수 있어야 할 것입니다.

두 개의 태양, 타투인 행성

우주에서 별들이 다른 별들과 가깝게 모여 있는 경우가 더 흔하다면, 지구와 달리 두 개 이상의 태양이 떠오르는 세계도 있지 않을까요? 영화 「스타워즈」Star Wars, 1977에서 주인공의 이야기가 시작되는 곳인 타투인 행성의 지평선에서는 두 개의 별이 저무는 모습을 볼 수 있습니다. 우주에 이런 타투인 행성이 실존하고 있지는 않을까요?

최근 관측으로 중심에 쌍성을 두고 있는 외계 행성들을 많이 발견하고 있는데, 처음으로 발견한 '실존하는 타투인 행성'은 케플러-16b 행성입니다. 백조자리 방향으로 약 200광년 떨어진 쌍성 곁에 토성 정도의 질량을 지닌 큰 행성이 맴돌고 있지요. 이 행성은 중심의 쌍성 곁을 약 230일 정도에 한 바퀴씩 공전하고 있습니다. 만약 이곳에 방문할 수 있다면, 우리는 두 개의 태양을 등지고 선 채 두 방향으로 그려진 그림자를 볼 수 있을 것입니다.

두 개의 별이 아니라 세 개, 혹은 더 복잡하게 얽힌 다중성계 주변을 맴도는 행성들도 있습니다. 백조자리 방향으로 약 150광년 떨어진 곳에 존재하는 것으로 추정되는 HD188753*은 무려 별 세 개가 얽혀 있는 복잡한 곳입니다. 정확하게 이야기하면 별 하나의 곁을 쌍성계가 맴돌고 있는 삼중성계로, 그 복잡한 궤도의 가장 중심에

* 이 외계 행성은 2005년 존재가 추정되었으며, 2007년 이후 독립적으로 추가 관측을 진행했으나 명확하게 그 존재가 입증되지는 않았다.

하나가 아닌 두 개의 별을 중심에 두고 맴도는 외계 행성의 상상도. 이곳에서는 두 개의 태양이 뜨고 지는 아름다운 모습을 볼 수 있을 것이다.

있는 별 곁을 맴도는 행성이 존재하는 것으로 추정되고 있습니다.

이렇게 중심에 별이 많아지고 그 별들의 궤도가 복잡해질수록, 그 주변에서 행성 여러 개가 안정적인 궤도를 유지하는 일은 어려워집니다. 우리 태양계에서 지구를 비롯한 여덟 개의 행성이 안정적인 궤도를 그리면서 오랫동안 이 모습을 유지할 수 있었던 것은 오래전 태양이 고향에서 쫓겨 나와 외롭게 지내고 있는 덕분일 수 있지요. 만약 태양 곁에 질량이 비슷하거나 더 무거운 형제 별이 있었다면, 두 별의 복잡한 중력 겨루기에 휘말려 주변 행성들은 일찍이 사방으로 날아가 버렸을지 모릅니다. 고래 싸움에 새우 등 터지듯이, 별들 싸움에 행성 등 터지는 셈이지요.

우리 달에는 외계인이 살고 있다?

지금까지 설명한 태양 못지않게 지구의 달도 신비롭고 흥미로운 모습을 간직하고 있습니다. 지구의 달은 지구의 유일한 '자연 위성'입니다. 위성은 행성 곁을 맴도는 천체를 말합니다. 날씨를 관측하고 방송 전파를 주고 받는 인공위성은 인간이 인위적으로 만들어서 지구 곁을 맴돌게 한 기계 위성이고요.

태양계 여덟 개의 행성 가운데 안쪽에 있는 수성과 금성 곁에는 그 주변을 맴도는 위성이 없습니다. 지구 곁에는 달이, 화성 곁에는 감자처럼 찌그러진 아주 작은 위성 두 개가 맴돌고 있습니다. 화성

너머 태양계 외곽으로 나가면 훨씬 더 많은 자연 위성을 만날 수 있습니다. 수성 · 금성 · 지구 · 화성까지 태양계 안쪽의 딱딱한 암석 표면을 지닌 행성들은 '지구와 비슷한 행성'이라는 뜻에서 '지구형 행성'이라고 부르고 분류합니다. 그리고 화성 다음으로 이어지는 훨씬 거대한 가스 행성들, 목성 · 토성 · 천왕성 · 해왕성은 '목성과 비슷한 행성'이라는 뜻에서 '목성형 행성'으로 분류하고요.

지구형 행성에는 끽해야 하나 혹은 두 개의 위성이 있고, 그중에서 수성과 금성은 위성 자체가 없는 형편입니다. 그에 비해 훨씬 덩치가 크고 중력이 강한 목성형 행성 곁에는 더 많은 위성들이 모여 있지요. 힘이 센 만큼 작은 천체를 더 많이 붙잡아둘 수 있기 때문입니다. 목성과 토성 주변에는 확인된 위성만 50개가 넘습니다. 크기가 작아 미처 발견되지 않은 것까지 감안한다면 그 수는 훨씬 더 많을 것입니다.

곁에 위성을 두고 있는 다른 태양계 행성들과 비교해 보면 유독 우리 지구와 달이 독특하다는 것을 느낄 수 있습니다. 보통 행성 곁을 맴도는 위성은 그 중심의 행성보다 크기가 훨씬 작습니다. 덩치가 큰 목성과 토성 등 가스 행성에 비해 그 주변을 맴도는 위성의 크기는 왜소하지요. 지구의 절반 정도로 크기가 작은 화성 곁을 맴도는 위성도 화성에 비해서는 아기자기할 정도로 작습니다. 그런데 지구 곁을 맴도는 우리의 달은 지구의 4분의 1이나 되는 크기를 가지고 있습니다. 다른 행성과 그 주변 위성의 비율을 감안하면 정말 어마어마한 크기인 셈이지요. 지구는 다른 행성에 비해 유독 덩치가 큰, 부담스러운 달을 거느리고 있는 것입니다.

게다가 마침 지구와 태양의 거리와 지구와 달의 거리가 절묘해서, 지구의 하늘에서 보이는 태양과 달의 크기가 거의 비슷합니다. 그래서 가끔 달이 지구와 태양 사이 일직선상에 들어오면 달에 의해 태양이 가려지는 개기일식을 구경할 수 있습니다. 만약 달이 지금보다 훨씬 더 멀리 떨어져 있었다면 태양을 전부 가릴 수 없었을 것이고, 달이 더 가까웠다면 달이 너무 커서 고생했을지 모릅니다.

또 매일 떠오른 달의 모습을 잘 살펴보면 달은 항상 지구를 향해 같은 쪽만 보여 준다는 것을 눈치챌 수 있습니다. 달도 지구처럼 둥근 공 모양이고 지구처럼 자전을 하기 때문에 당연히 달의 사방을 볼 수 있으리라고 생각하기 쉽지만, 달이 지구 주변을 맴도는 공전 주기와 스스로 회전하는 자전 주기가 딱 들어맞아서 달은 계속 지구를 향해 한쪽 면만 보여 주며 궤도를 돌지요.

이러한 사실 때문에 달의 뒷면에는 지구인들 몰래 숨어 사는 외계인들의 기지가 있을지 모른다는, 꽤 진지한 루머가 오랫동안 돌기도 했습니다. 어떤 사람들은 계속 지구를 향해 같은 면을 보여 주는 달이 사실은 지구를 계속 감시하기 위해 외계인들이 만든 기지, 즉 「스타워즈」에 등장하는 다스베이더의 기지인 '데스스타'와 같은 거대한 인공위성일 수 있다는 공상을 펼치기도 합니다.

이렇게나 큰 달을 갖게 된 사연

이 거대한 달이 대체 어떻게 지구 곁에서 지금까지 오래도록 안정적인 궤도로 돌 수 있었는지에 대해 많은 연구가 진행되었습니다. 사실 달은 지구에 비해 그리 작지 않기 때문에, 다른 행성들처럼 주변을 맴돌던 작은 천체를 중력으로 붙잡는다는 '포획 가설'만으로는 현재의 지구와 달의 모습을 설명하기 어렵습니다.

과거 일부 천문학자들은 사실 달이 지구와 하나로 붙어 있었지만 지구가 갓 태어났던 당시에는 아직 딱딱하게 굳지 않은 마그마 덩어리였기 때문에 빠르게 자전하는 지구에서 마치 혹부리 영감의 혹이 떨어지듯 큰 조각이 떨어져 나갔고 그것이 계속 지구 곁을 맴돌면서 지금의 달이 된 것이라는 대담한 상상을 펼치기도 했습니다. 그리고 그 당시 달이 떨어져 나가면서 지구에 만들어 놓은 움푹하고 거대한 웅덩이가 바로 태평양이라고 생각하기도 했지요. 그러나 이 혹부리 영감 가설은 지구의 대륙이 계속 똑같이 유지되는 것이 아니라 천천히 움직이고 부딪히면서 지진이 일어난다는 대륙이동설이 등장하면서 사라지게 되었습니다.

이후 천문학자들은 로봇 탐사선들을 달에 보내 달의 다양한 모습을 관측하기 시작했습니다. 1969년에는 최초로 인류의 발자국이 달 표면에 찍히는 역사적인 순간을 맞이했고, 아폴로 11호 이후에도 아폴로 17호에 이르기까지 여러 번 달 표면에 착륙해서 달의 샘플을 지구로 가지고 돌아왔습니다. 달의 조각을 떼어 내 지구로 가져

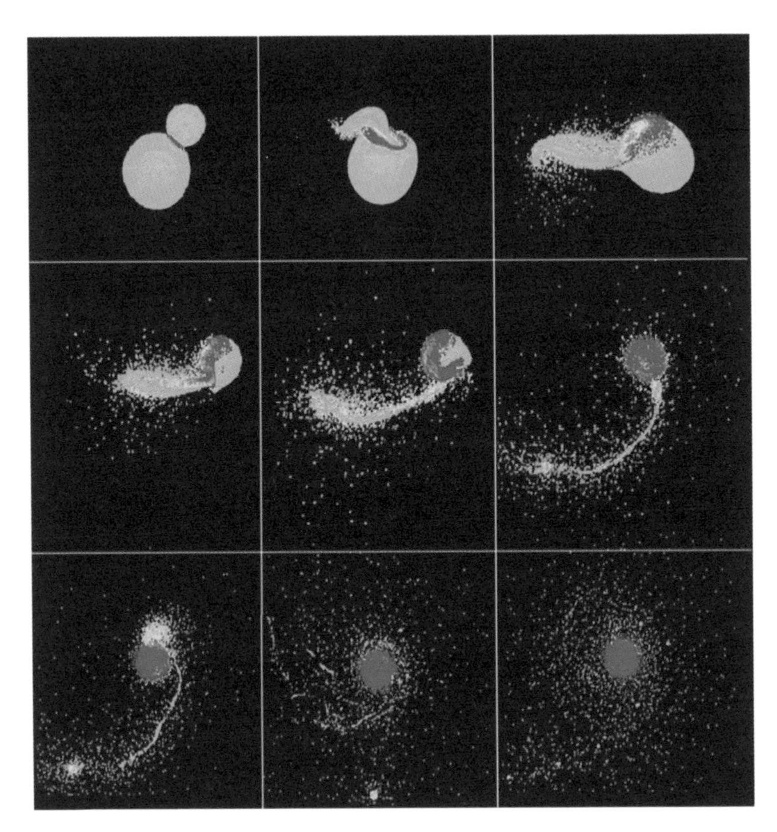

천문학자들이 시뮬레이션으로 재현한 초기 지구와 달의 형성 과정. 약 50억 년 전 갓 형성된 지구에 지구의 절반 정도 크기를 지닌 다른 행성체가 충돌했고, 이때 흩어져 나간 파편이 모여서 달이 만들어진다.

온 덕분에 달의 기원, 출생의 비밀을 더 깊게 파헤칠 수 있었습니다. 천문학자들은 달 표면의 암석 성분을 분석하여 달의 나이가 지구와 비슷하다는 것을 확인했습니다. 즉 지구가 태어나던 당시 달도 함께 곁에서 태어났다고 볼 수 있는 것이지요.

아직 모이지 않은 암석 부스러기들이 아기 태양 주변을 가득 채우고 있던 당시, 그 암석 부스러기들이 서로 부딪히고 반죽되면서 조금씩 덩어리를 키워 가기 시작했습니다. 그 결과 태양 주변에는 수성, 금성, 지구 그리고 화성과 같은 자그마한 암석 행성들이 만들어졌습니다. 그런데 이 시기는 아직 태양계가 깨끗이 청소되지 않았던 때라 지구를 비롯한 암석 행성들은 주변의 비슷한 궤도를 떠도는 작은 부스러기 천체들의 융단 폭격을 계속 받았지요. 연이은 충돌의 여파로 행성 표면은 뜨겁게 녹은 마그마로 펄펄 끓는 마그마 바다 상태였습니다. 태양계 행성들이 태어날 때 굉장히 뜨겁고 격렬한 '돌' 잔치가 이루어졌던 것이지요.

서서히 식어 가고 있던, 마그마 바다 시기의 어린 지구 곁에는 비슷한 궤도를 도는 또 다른 작은 천체가 있었습니다. 이 천체는 현재 화성과 크기가 비슷한, 지구의 절반 정도 되는 꽤 큰 행성체였습니다. 그런데 이 행성체가 지구와 부딪히는 대형 사고가 벌어졌고, 그 결과 지구 표면의 일부와 지구에 부딪힌 행성체가 산산조각 나면서 그 주변에 파편이 흩어져 버렸습니다. 이후 시간이 지나면서 지구 곁에 흩어진 파편들이 다시 서로의 중력으로 모이기 시작했습니다. 계속 지구를 맴돌면서 반죽된 이 새로운 덩어리가 바로 지금 지구 곁을 맴돌고 있는 달입니다. 달도 탄생 초기에는 주변의 천체 부스러기에 의해 뜨거운 돌 잔치를 벌였죠. 게다가 달은 지구와 달리 대기가 거의 없기 때문에, 표면으로 쏟아지는 운석을 태워 줄 보호막도 딱히 없습니다. 그래서 천체 부스러기에 얻어맞은 흔적이 고스란히 표면에 멍 자국으로 남았지요. 달 표면에서 쉽게 찾을 수 있는 크레이터와 검은 바다 지역들이 바로 그 격렬한 돌 잔치의 증거입니다.

토성의 고리도 사실은 달

자그마한 지구형 행성과 달리 목성형 행성들 곁에는 많은 수의 위성과 아름다운 고리가 함께 자리하고 있습니다. 그중에서도 토성은 가장 두껍고 밝은, 마치 밀짚모자의 챙과 같은 아름다운 고리를 가지고 있지요. 그리고 토성에 비해서는 선명하지 않지만 목성과 천왕성 그리고 해왕성 곁에도 얇은 고리들이 숨어 있습니다. 지구에서 바라보면 얇은 판처럼 보이지만, 사실 이 고리들은 아주 작은 얼음 부스러기 입자들이 고르게 퍼져 만들어진 것입니다. 행성 주변 고리를 이루는 얼음 부스러기들도 행성 곁을 맴도는 아주 작은 위성이라고 볼 수 있지요.

이렇게 거대한 가스 행성들 곁에만 아름다운 고리가 만들어진 이유는 무엇일까요? 앞서 달 때문에 점점 느려지는 지구의 자전에 대해 이야기했던 걸 기억하시나요? 바로 여기서 그 조석력의 마법이 작용합니다. 조석력은 천체가 작은 하나의 점이 아니라 부피를 지닌 덩어리이기 때문에 천체의 각 부분에 작용하는 중력의 크기가 달라 느끼게 되는 힘입니다. 중심 행성이 토성이나 목성처럼 아주 거대하고 육중하다면, 그 곁을 맴도는 위성들에 작용하는 조석력도 더 커집니다.

1848년 프랑스의 수학자 로슈Edouard Albert Roche, 1820~1883는 한 행성 곁을 맴도는 작은 위성이 중심 행성에 의한 조석력을 얼마나 견딜 수 있는지 그 범위를 계산했습니다. 위성이 행성에 너무 가깝게 접근하면 위성의 각 부분을 다르게 잡아당기는 행성의 조석력을 버티지 못하고 결국 위성은 산산조각 나고 찢어지게 됩니다. 목성 가까이에서 맴도는 위성들 중에는 목성의 강한 조석력에 의해 내부 물질이 땅을 가르고 솟아 나오면서 화산 활동이 벌어지는 곳도 있지요.

이처럼 토성 주변을 맴돌던 과거의 위성체들도 강한 조석력을 받으면서 산산조각 났을 수 있습니다. 혹은 토성 곁을 맴돌면서 새로운 위성이 되기 위해 모이고 싶어 했던 작은 부스러기들이 계속 그들이 모이는 것을 방해하는 토성의 조석력에 의해 결국 반죽되지 못하고 지금까지 고리 속 부스러기 신세로 살고 있을 수도 있죠.

화성 주변을 맴도는 작은 두 개의 위성 가운데서, 화성에 가까이 붙어서 맴돌고 있는 위성 포보스Phobos는 조금씩 화성의 중력에 의해 에너지를 잃으면서 화성 표면으로 떨어지는 중입니다. 포보스는 태

지금으로부터 약 4,000만 년이 지나면 점점 화성으로 다가가는 화성의 위성이 깨지면서 그 주변에 가느다란 고리가 생길 수 있다. 화성은 태양계에서 처음 고리를 갖게 되는 암석 행성이라는 영광을 얻게 될 것이다.

양계 위성들 중에서 그 중심의 행성에 가장 바짝 붙어 맴돌고 있는 천체입니다. 화성에 너무 가까이 다가가게 되면 포보스는 화성의 조석력을 강하게 받아 산산조각 날 것입니다. 포보스는 작은 감자처럼 생긴 터라 그것이 부서져서 만들어지는 고리는 퍽 얇겠지만, 어쨌든 시간이 오래 지나면 화성은 태양계 지구형 행성들 중에서 가장 처음으로 고리를 갖게 될 거예요.

달의 두 얼굴

앞서 지구 곁을 맴도는 달의 공전 주기와 달의 자전 주기가 교묘하게 들어맞아서 계속 달의 같은 면만 보게 된다고 했지요? 이 현상을 동주기 자전이라고 부릅니다. 이 동주기 자전 때문에 지구에 설치된 망원경으로는 달의 앞면만 볼 수 있을 뿐, 달의 뒷면에 정말 외계인의 기지가 숨겨져 있는지 확인할 수 없습니다. 아폴로 우주인들도 지구와 계속 교신을 하기 위해 달의 앞면에만 착륙했지요.

달 표면에 동료들을 내려 두고 혼자 사령선에 남아 달 주변을 맴돌았던 다른 한 명의 우주인, 그리고 달 주변을 계속 맴돌고 있는 다른 로봇 궤도선들을 통해 우리는 달의 낯선 뒷면을 볼 수 있었습니다. 직접 확인한 달의 뒷면은 굉장히 색달랐죠. 우리는 그동안 어둡고 매끈한 바다 지역으로 뒤덮인 달의 앞면에 익숙해져 있었는데, 달의 뒷면은 크레이터가 가득한 훨씬 더 울퉁불퉁한 모습이었습니다.

이처럼 달이 앞과 뒤가 전혀 다른 아수라 백작 같은 모습을 갖게 된 이유는 무엇일까요? 바로 달이 동주기 자전을 하고 있기 때문입니다. 이렇게 계속 지구를 향해 같은 면을 향하면서 그 곁을 맴돌게 되면, 지구에 의해 달이 받게 되는 차등 중력 때문에 뜨거운 달 내부의 물질들이 한쪽으로 치우치게 됩니다. 달 내부에도 지구 내부처럼 뜨거운 핵이 들어 있거든요. 달이 형성되던 당시, 달 내부의 무겁고 뜨거운 핵과 주변 물질들은 지구의 강한 중력에 의해 둥근 달의 중심에서 살짝 벗어나 지구에 가까운 쪽으로 조금 치우치게 되었습니다. 그 결과 지구를 향하고 있는 쪽과 등지고 있는 쪽의 표면 두께가 많이 달라졌고요. 지구를 향하고 있는 달의 앞면은 달 내부의 핵이 지구 쪽으로 더 치우쳐 있는 탓에 내부 물질을 덮고 있는 지각의 두께가 얇아졌습니다. 반면 지구를 등지고 있는 쪽은 두꺼운 지각이 형성되었지요. 그래서 똑같이 얻어맞더라도 달의 앞면에 떨어지면 얇고 약한 지각이 갈라지면서 그 위로 마그마가 새어 나올 수 있었습니다. 마그마가 새어 나와 주변 지형을 매끈하게 집어삼켰고, 이후 그 마그마가 식으면서 표면에 어두운 달의 바다 지역이 넓게 남게 된 것이지요. 반면 충격에 더 강하고 두꺼운 달의 등짝은 계속되는 운석 충돌에도 마그마가 새어 나오지 않았습니다. 그래서 얻어맞은 흔적들이 고스란히 등에 남게 된 것이지요.

지구 곁에 숨겨진 또 다른 달들

무라카미 하루키는 『1Q84』에서 하늘에 두 개의 달이 떠 있는 세계를 그립니다. 우리가 살고 있는 세상과 시스템이 과연 유일한 것인가라는 질문을 던지고 싶었던 하루키는 하늘에 하나의 달을 더 그려 냈습니다. 이미 두 개의 작은 달을 하늘에 둔 화성에서라면 이 소설의 배경은 그저 당연하게 다가올지도 모릅니다. 그런데 우리 지구에도 사실 숨겨진 달이 하나 더 있습니다. 하루키의 세계는 사실

아폴로 16호에 탑승했던 우주인이 달의 뒷면을 선회하면서 바라본 모습이다.

상상 속 세계가 아니라, 바로 실제 지구의 현실이었던 것입니다!

2016년 미국항공우주국은 지구 곁을 계속 따라다니는 것처럼 보이는 또 다른 작은 천체를 발견했습니다. '2016HO3'이라는 이름의 이 소행성은 사실 태양을 중심으로 별도의 공전 궤도를 그리고 있는 소행성입니다. 그런데 이 소행성의 궤도가 지구의 궤도와 거의 비슷하게 그려져 있는데다 지구 중력의 영향을 받아 이 소행성이 지구 궤도와 공명하면서, 한동안 지구를 졸졸 따라다니면서 공전하고 있는 것으로 보이는 것입니다. 약 100년 전부터 지구 곁을 따라다니는 '반려 위성'이 되었던 것으로 보이며, 앞으로도 몇 세기 동안은 현재의 궤도를 유지할 것으로 예상됩니다. 이렇게 그 행성의 중력에 의해 포획된 위성은 아니지만, 우연히 궤도가 공명해서 그 주변을 어슬렁거리게 된 천체를 '준위성'이라고 합니다.

지구 곁에 숨어 있던 준위성이 발견된 것은 이번이 처음은 아닙니다. 이번에 새롭게 발견된 준위성 2016HO3의 크기는 고작 지름 100㎙도 되지 않는 것으로 추정됩니다. 지구의 달보다 훨씬 멀리 떨어져 있고요. 그래서 아쉽게도 이 준위성을 지구 하늘에서 맨눈으로 보는 것은 불가능합니다.

만약 이 준위성이 조금 더 컸고, 또 조금 더 가까운 거리에서 따라다니고 있었다면 몇 세기 동안은 정말 하루키의 소설 속 세상처럼 크고 작은 두 개의 달이 뜨고 지는 모습을 볼 수 있었을지도 모릅니다. 참, 아주 멀리 떨어진 채 지구 중력의 호위를 받으며 안정된 궤도를 유지하고 있으니, 이 준위성이 갑자기 지구로 추락하지는 않을

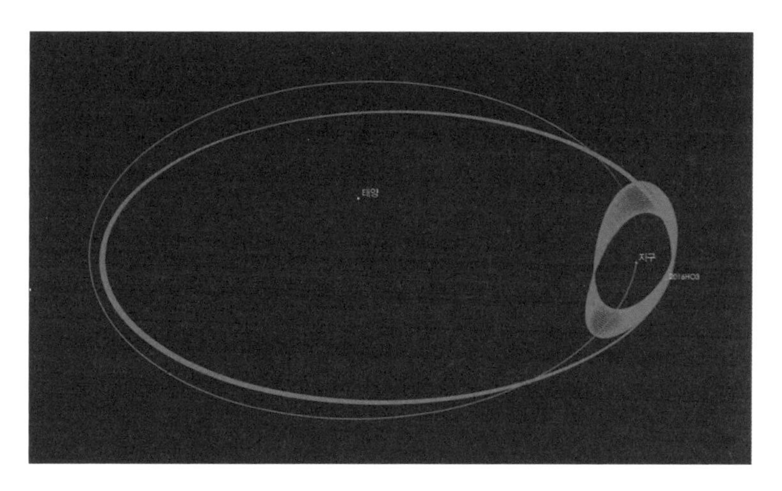

지구의 새로운 준위성 2016HO3은 2016년 4월, 하와이 할레아칼라(Haleakala)에서 가동 중인 Pan-STARRS 1 소행성 관측 망원경으로 처음 발견했다. 이 준위성의 정확한 크기는 알기 어렵지만, 지금까지의 관측에 따르면 대략 40~100m 정도일 것으로 추정된다.

까 걱정할 필요는 없답니다!

너무 오랫동안 봐 와서 지겹게 느껴질 법도 한 해와 달. 하지만 이 해와 달은 전혀 시시한 천체가 아닙니다. 탄생부터 인류의 진화와 지구의 역사를 가장 가까이에서 지켜보고 함께한, 아주 중요한 천문학적 목격자이지요. 매일 새로운 모습으로 하늘에 나타나는 태양과 달 위로 인류는 지구의 모습을 비춰 봅니다. 이렇게 태양과 달을 관측하는 인류의 모습도 태양과 달과 함께하는 새로운 역사로 쌓여 가고 있고요.

1문 1답 정리 노트

Q. 태양이 하나만 있는 건 드문 일인가요?

네, 별들은 대개 중력에 의해 무리를 지어 있는 일이 많습니다. 천문학자들은 태양도 처음에는 별들의 무리에 속해 있었으리라고 추측합니다. 가스 구름이 중력에 의해 수축하며 별들이 탄생할 때는 어린 별들이 바글바글 모이게 되는데, 그러한 혼잡 지역에서 별들끼리 서로를 끌어당기다가 태양처럼 상대적으로 가볍고 약한 별이 튕겨져 나가는 일이 발생할 수도 있습니다.

Q. 그럼 태양의 형제 별들은 어디에 있을까요?

천문학자들이 화학 원소의 색을 분석하여 조사한 바에 따르면, M67 성단의 별들이 태양과 가장 유사한 '천문학적 유전 정보'를 가지고 있다고 해요!

Q. 달의 뒷면에 외계인이 살고 있을지도 모른다는 루머가 있었다고요?

달이 지구 주변을 맴도는 공전 주기와 스스로 회전하는 자전 주기가 딱 들어맞는 바람에 달은 계속 지구를 향해 한쪽 면만 보여 주며 궤도를 돌지요. 그래서 지구에서 관측할 수 없는 달의 뒷면에 외계인의 기지가 있을지 모른다는 꽤 진지한 루머가 오랫동안 돌기도 했습니다.

Q. 지구에 달이 하나 더 있다던데 사실인가요?

미국항공우주국은 2016년에 지구를 따라다니는 것처럼 보이는 작은 천체를 발견했습니다. 2016HO3라는 소행성으로, 사실 지구가 아닌 태양을 맴도는 행성입니다. 그런데 이 행성의 궤도가 지구의 궤도와 비슷하고 지구의 중력에 영향을 받는 바람에 앞으로도 몇 세기 동안은 지구를 따라다니는 '반려 위성'이 될 것으로 보입니다. 이 위성이 지구와 궤도가 겹친 것은 약 100년쯤 되었을 거라고 해요!

06

블랙홀 속에는 무엇이 있을까?

#블랙홀의정체 #밝혀라 #초거대질량블랙홀

#우주괴물 #사건의지평선 #블랙홀속으로

처음 블랙홀을 상상한 사람들

흔히 우주에서 가장 무시무시한 괴물로 생각되는 블랙홀, 과연 블랙홀이라는 괴물은 정말 우주에 존재할까요? 태양계 행성처럼 블랙홀도 직접 찾아갈 수 있을까요? 또 찾아간다면 어떻게 될까요? 살아 돌아올 수 있을까요? 그 속에는 무엇이 있을까요? 이처럼 쉬지 않고 계속 새로운 질문을 집어삼키는 블랙홀은 정말 모든 것을 빨아들이는 듯합니다.

앞에서 알아보았듯이, 아주 빠른 속도로 대포알을 쏜다면 지구 중력을 벗어날 수도 있을 것입니다. 적당한 속도로 대포알을 쏜다면 둥근 지구의 곡률을 따라 계속 떨어지면서 인공위성처럼 지구 주변을 계속 맴도는 궤도를 돌게 될 수도 있습니다. 이렇게 지구의 중력에 붙잡히지 않고 지구 중력권을 벗어나기 시작하는 최소한의 속도를 지구 탈출 속도Escape velocity라고 합니다. 이 탈출 속도는 중심 천체의 질량과 지름에 따라 달라집니다. 중심 천체의 질량이 커서 중력이 강하면 탈출하기 위해 빠른 속도가 필요합니다. 또한 지름이 커지면 표면에서 가해지는 천체의 중력이 상대적으로 약해지기 때문에 더 느린 속도로도 탈출할 수 있지요. 아주 무거운 천체가 아주 작은 지름을 갖고 있다면 이를 탈출하는 데 굉장히 빠른 속도가 필요합니다.

블랙홀은 생각보다 오래전, 뉴턴 시대부터 그 모습이 그려지기 시작했습니다. 존 미첼John Michell, 1724~1793은 만약 조건만 충족한다면 탈출 속도가 빛의 속도까지 치달을 수 있다고 생각했습니다. 그의 공상은 프랑스의 수학자 피에르 시몽 라플라스Pierre Simon Laplace, 1749~1827에게도 전해졌습니다. 그는 자신의 수학 체계를 통해 그러한 천체가 실제로 존재한다면 중력 붕괴 때문에 빛조차 바깥으로 새어 나올 수 없으리라고 예상했고, 그러한 천체를 '어둠의 별'Dark star이라고 불렀습니다. 그리고 만약 태양 정도의 질량을 가진 별이 그런 어둠의 별이 되려면 지름 6㎞ 정도의 공으로 수축해야 한다는 계산 결과를 얻기도 했죠.

이후 블랙홀 연구는 20세기로 넘어오면서 현대 물리학에서 큰 진전을 이루었습니다. 1916년 물리학의 거장 아인슈타인Albert Einstein, 1879~1955은 지난 수세기 동안 지배적인 위치를 점했던 뉴턴Sir Issac Newton, 1642~1727의 우주관을 뒤집고 우주의 시공간은 마치 축 늘어지고 진동하는 천 조각처럼 휘어지고 늘어질 수 있다는 새로운 개념을 내놓았습니다. 그의 혁명적인 새 우주관은 '일반 상대성 이론'이라는 이름으로 세상에 알려졌죠. 뉴턴이 생각한 만유인력, 중력의 법칙에는 큰 약점이 있었습니다. 만유인력의 법칙은 수학적으로 별과 행성들의 운동을 매우 잘 설명해 냈지만, 대체 그 힘이 어떻게 작용하는지는 설명하지 못했습니다. 그러나 아인슈타인은 뉴턴을 넘어, 왜 물체끼리 서로 끌어당기는 것처럼 보이는지 설명해 냈습니다. 아인슈타인은 우주에 존재하는 모든 물체, 질량을 지닌 모든 물체가 그 주변의 시간과 공간을 마치 천 조각처럼 쭉 잡아당겨 왜곡한다고 생각했습니다. 주변

아인슈타인의 일반 상대성 이론을 설명하는 간단한 실험 장면이다. 우주 시공간을 잡아당기면 축 늘어나는 고무판이나 매트리스와 같다고 생각할 수 있다. 그런 직물과 같은 시공간 위에 무거운 질량을 지닌 천체가 존재하면 그 천체의 질량에 의해 시공간이 왜곡되고 움푹 파이게 된다. 그 시공간의 굴곡 때문에 우리는 중력이 있는 것처럼 느끼게 된다.

에 움푹 파인 시공간의 굴곡을 따라 주변 물체가 흘러가므로 그것이 중력에 의해 끌어당겨지는 것처럼 보이는 것이라고 생각했지요.

부드러운 침대 매트 한가운데 무거운 볼링공을 얹어 놓으면 그 볼링공을 중심으로 침대 매트가 움푹 파입니다. 아인슈타인은 이 침대처럼 곳곳이 움푹 들어간 우주를 생각했던 것입니다! 멀리서 날아오는 별과 은하의 빛을 생각해 볼까요. 이 빛은 무거운 천체 곁을 지나갈 때 일그러지고 왜곡된 그 주변 시공간을 따라 날아가게 됩니다. 그 결과 지구에서 바라볼 때 그 별빛의 경로가 휘면서 실제 위치가 아니라 약간 틀어진 곳에 별이 있는 듯한 착시 현상을 일으킵니다.

아인슈타인이 생각했던, 질량에 의해 축 늘어지고 왜곡된 시공간은 이후 다양한 관측으로 입증되었습니다. 정말로 우주가 그런 모습을 하고 있었던 것입니다.

블랙홀에게 이름이 생기다

독일의 천문학자 카를 슈바르츠실트Karl Schwarzschild, 1873~1916는 시공간이 휘어진다는 이 아이디어를 기반으로 하여, 중력이 아주아주 강한 지점이 있다면 아주 깊이 시공간이 파여서 구멍이 뚫릴 수도 있다는 발상을 했습니다. 그리고 강한 중력이 밀집되어 있는 강한 점 속으로 주변의 모든 물질이 빨려 들어갈 것이라고 예측했지요. 그 지점에 너무 가까우면 필요한 탈출 속도에 못 미치기 때문에 빛조차 빠져나올 수 없습니다. 그는 빛이 겨우 벗어날 수 있는 가상의 범위를 슈바르츠실트 반지름Schwarzschild Radius이라고 정의했고, 그 한계를 우리가 관측할 수 있는 한계로 설정하고 '사건의 지평선'Event Horizon이라고 불렀습니다. 즉 만약 블랙홀에 사건의 지평선보다 안쪽으로 더 가까이 다가가 버린다면 아무리 빠른 속도로 탈출을 시도하더라도 절대 벗어날 수 없다는 것입니다. 빛의 속도로 달아나려고 해도 말이에요!

하지만 당시까지만 해도 아인슈타인도 슈바르츠실트도 블랙홀이 실제로 우주에 존재할 것이라고 진지하게 생각하지는 않았습니다. 단지 수학적 유희의 일종으로 여겼을 뿐이죠. 우주에 존재하는 모든 별은 거대한 중력에 의해 안으로 수축하려고 하는 힘과 그에 대항해 내부의 뜨거운 열에 의해 바깥으로 팽창하려고 하는 힘이 팽팽한 평형을 유지하면서 크기를 유지하고 있습니다.

1930년 인도의 물리학자 찬드라세카Subrahmanyan Chandrasekhar, 1910~1995는 진화의 막바지에 이른 별은 팽창하려는 압력이 약해져 강한 중력에 의해 아주 작은 크기로 붕괴할 수 있다는 것을 밝혀냈습니다. 그의 예측에 의하면, 별의 질량이 충분히 무겁다면 별의 가스를 구성하는 원자들이 서로 밀어내는 힘인 반발력까지 모두 이겨낼 정도로 중력이 강하므로 이를 모두 압축하게 되고, 전기적으로 양성을 띠는 원자핵과 전기적으로 음성을 띠는 전자가 모두 반죽되면서 중성자가 되어 버립니다. 그 결과 별은 하나의 거대한 중성자 덩어리, 즉 중성자성Neuron star이 되어 버리지요.

원자 폭탄을 만드는 맨해튼 프로젝트에 참여했던 것으로 유명한 미국의 물리학자 오펜하이머J. Robert Oppenheimer, 1904~1967는 찬드라세카의 아이디어를 더 발전시켜, 별의 질량이 더욱 충분히 무겁다면 결국 아주 작은 하나의 점으로 별이 중력 붕괴할 수 있으리라고 예측했습니다. 천문학자들은 이 요상한 천체가 수학적 유희 속에서만

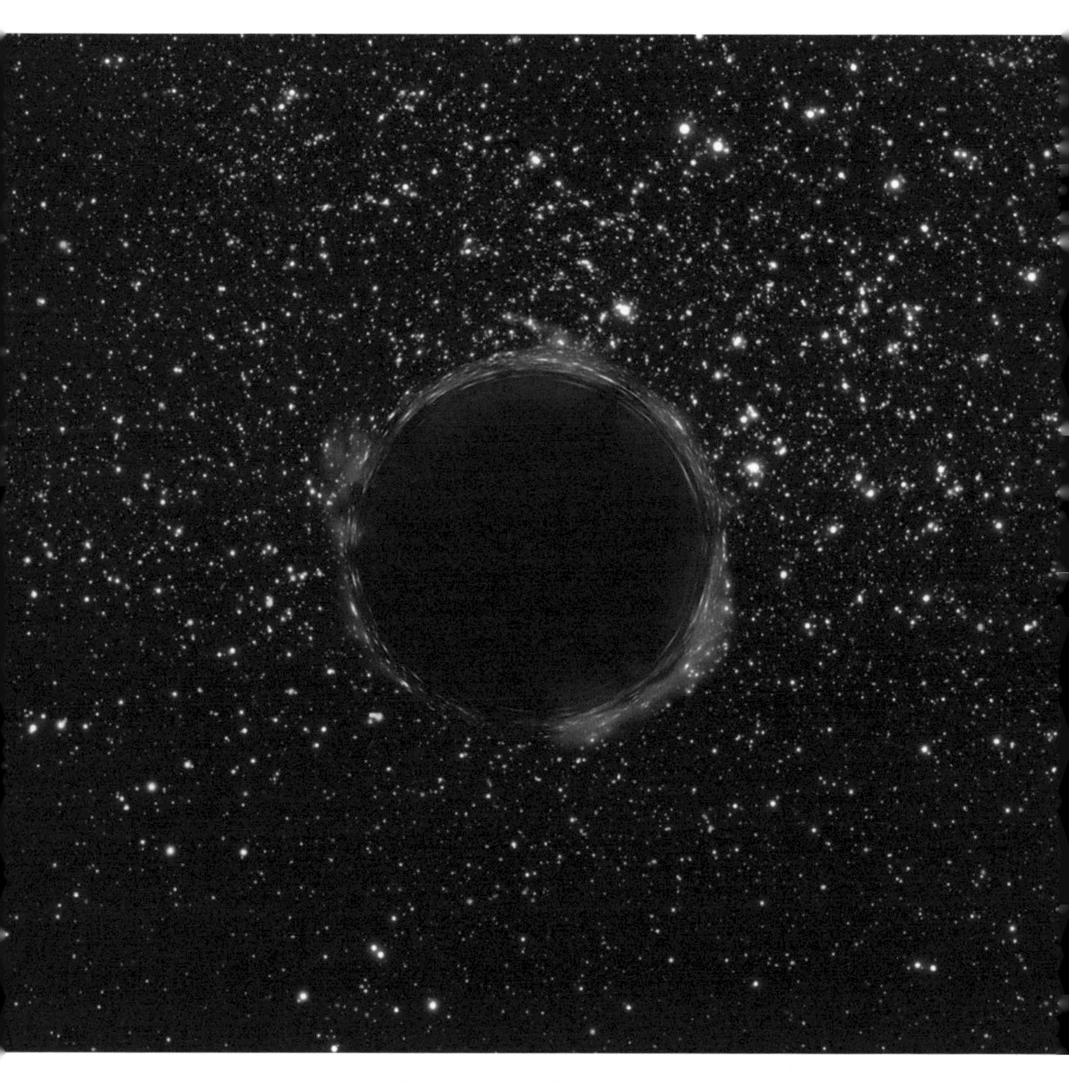

우주에서 가장 빠른 속도를 지닌 빛조차 바깥으로 탈출할 수 없을 만큼 깊고 강한 중력을 갖고 있는 블랙홀의 모습을 그린 상상도. 우리는 블랙홀 자체를 관측할 수는 없다. 블랙홀에서는 빛이 나오지 않기 때문이다. 다만 빛이 탈출할 수 없게 되는 경계선, 즉 사건의 지평선을 보면서 블랙홀의 존재를 유추할 수 있다.

이 아니라 실제로 존재할지 모른다고 생각하기 시작했습니다.

1967년 물리학자 존 휠러John Archibald Wheehler, 1911~2008는 강연에서 이와 관련된 이야기를 들려주었는데, 그때 강연을 듣던 한 사람이 이 천체를 블랙홀이라고 부르자고 제안했다고 합니다. 그것은 입에 착 달라붙는 좋은 별명이라고 생각되었고, 이후 공식적으로 한 점으로 중력 붕괴한 천체를 블랙홀이라고 부르게 되었습니다.

블랙홀, 그런데 그 일이 실제로 일어났습니다

많은 이론 물리학자들은 블랙홀에 흥미를 가졌습니다. 거의 무한에 가깝게 중력을 높여서 시공간에 구멍을 뚫어 버리는 미지의 세계. 탐구심이 동하는 세계이지만, 실제로 그런 천체가 존재할 수 있을지에 대해서는 회의적인 이들이 대부분이었지요. 블랙홀처럼 강력한 에너지를 내뿜는 천체가 실제로 존재할 거라고 생각하는 천문학자는 소수였습니다.

2차 세계 대전이 끝나고 천문학자들은 일부 남은 로켓과 발사체들을 우주와 지구 환경을 연구할 목적으로 재활용하기 시작했습니다. 1964년에는 전쟁 당시 미사일로 쓰였던 V-2 로켓을 우주 환경 연구를 위해 재활용한 에어로비Aerobee 로켓을 발사하여, 우주 공간에서 쏟아지는 강한 엑스선 등 지구의 대기권 아래에서는 감지할 수 없는 다양한 종류의 빛을 감지했습니다. 이때 천문학자들은 백조자리 부근에서 유난히 강한 엑스선 신호가 포착된 것을 확인했습니다.

이후 1970년 미국항공우주국은 엑스선으로 우주를 관측하는 우후루 위성Uhuru satellite을 발사했습니다. 우후루 위성은 백조자리 부근의 수상한 천체를 포함해 300여 개의 엑스선 광원을 관측했지요. 특히 백조자리 부근의 수상한 엑스선 광원은 신호 세기가 변하고 있다는 것을 확인했습니다. 몇 초의 짧은 시간에 걸쳐 아주 강한 세기의 엑스선 신호가 오르내리고 있었지요. 그리고 그 강한 엑스선 신호가 쏟아지는 영역의 전체 크기가 고작 10만㎞밖에 되지 않는다는 것도 확인했습니다. 지름이 140만㎞인 우리 태양보다 훨씬 작은 곳에서 강력한 엑스선 신호가 쏟아지는 굉장히 이상한 일이 벌어지고 있었던 것입니다.

1971년 세계 각국의 주목을 받기 시작한 이 천체는 세계 곳곳의 천문학자들이 전파망원경으로 관측을 시도했고, 그 정확한 위치와 좌표가 확인되었습니다. 전파망원경을 통해 천체와 그 주변 영역의 온도가 수백만 도에 달한다는 것도 알아냈지요. 그리고 그곳이 아주 거대하고 푸른 초거성이 곁을 맴돌고 있는 쌍성계라는 사실도 확인했습니다.

천문학자들은 백조자리 한가운데에서 막강한 엑스선을 뿜어내며 수백만 도에 달하는 뜨거운 먼지 원반을 두르고 있는 이 천체에 백조자리 X-1Cygnus X-1이라는 이름을 붙였습니다. 그리고 이 천체의 질량이 태양 질량의 15배에 달한다고 추정했습니다. 이렇게 무거운 질량이 태양보다도 더 작은 크기에 모여 있다니, 이는 과거 이론 물리학자들이 칠판 속에서 상상했던 블랙홀로 설명할 수 있었습니다. 우주에서 무거운 별이 진화의 마지막 단계에서 죽으면서 남긴 별의 시체, 블랙홀이 처음 발견된 순간이었습니다.

당시 유명한 물리학자 스티븐 호킹Stephen William Hawking, 1942~과 킵 손Kip Steven Thorne, 1940~은 1974년 이 백조자리 X-1 천체가 정말 블랙홀인지 아닌지에 대해 우스꽝스러운 내기를 걸기도 했습니다. 블랙홀 물리학의 대가인 스티븐 호킹은 당시만 해도 블랙홀이 실제로 존재하지 않는다고 생각했습니다. 킵 손은 백조자리 X-1이 실제로 존재하는 블랙홀이라고 생각했고요. 둘은 진 사람이 이긴 사람에게 야한 성인 잡지의 1년 구독권을 사 주기로 했습니다. 킵 손은 원래부터 물리학 이론을 가지고 이런 이상한 내기를 하는 것으로 유명한 인물입니다. 결정적인 증거가 추가로 밝혀지면서, 최종 승자는 킵 손이 되었습니다.

별이 다 타고 남은 찌꺼기

우리 지구의 하늘을 비추는 태양을 비롯한 모든 별은 내부에서 에너지를 만들어 냅니다. 수십억 년 동안 쉬지 않고 별이 스스로 에너지를 만들어 내며 밝게 빛날 수 있는 이유는 안에서 핵융합 반응이라는 아주 효율적인 발전기가 돌아가고 있기 때문입니다.

핵융합이라고 하면 다소 낯설게 들릴 수 있습니다. 원자력 발전소

안에서 벌어지고 있는 핵분열의 반대 반응이라고 생각하면 쉽지요. 원자력 발전소의 두꺼운 시멘트 돔 안에서 벌어지는 핵분열 반응은 우라늄Uranium이나 플루토늄Plutonium 등 무겁고 큰 원자핵이 쪼개지면서 더 작은 원자핵으로 분열할 때 방사성 폐기물과 함께 에너지가 생성되는 반응입니다. 현재 우리는 이 반응에서 나오는 에너지로 증기를 끓여 터빈을 돌려서 에너지를 생산하고 있습니다. 그러나 별 속에서 벌어지는 핵융합은 우주에서 가장 가볍고 작은 수소 원자에서 반응이 시작됩니다. 별의 표면만 해도 충분히 뜨겁다고 생각할 수 있으나, 그런 별의 중심은 표면보다 훨씬 더 뜨겁게 압축되어 있습니다. 별의 중심에서 펄펄 끓고 있는 원자핵들은 아주 빠르게 요동치며 계속 서로 충돌하게 됩니다. 빠른 속도로 자주 충돌하게 되면 원자핵들은 결국 서로를 밀어내는 전기적 척력을 이겨 내고 한데 뭉쳐 반죽되어 버립니다. 이것이 핵융합입니다.

수소 원자핵 네 개가 합쳐지면 그다음 원자인 헬륨 원자핵이 만들어집니다. 이때 네 개의 수소 원자핵과 하나의 헬륨 원자핵의 질량이 엄밀하게 일치하지는 않습니다. 헬륨 원자핵 한 개의 질량이 아주 조금 더 가볍지요. 즉 핵융합 반응이 벌어지는 과정에서 질량이 아주 조금 사라지는 것입니다. 바로 그 사라진 질량이 에너지로 변하게 되지요. 질량이 에너지로 환원된 것입니다. 그리고 그 환원된 에너지는 별이 수십억 년 동안 쉬지 않고 밝게 빛날 수 있게 하는 원동력이 됩니다.

별의 내부는 무수히 많은 원자핵들로 가득합니다. 섭씨 수천만 도에서 수억 도에 이르는 아주 높은 온도, 그리고 아주 높은 밀도로 원자핵들이 들끓고 있지요. 원자핵들은 쉬지 않고 서로 충돌하고 있고요. 즉 계속 핵융합이 이루어지며 이를 통해 에너지가 만들어지는 것입니다. 이런 핵융합 에너지가 인류의 희망이라며 기대하는 천문학자들도 있습니다. 실제로 우리나라를 비롯한 세계 곳곳의 많은 실험실에서 태양을 인공적으로 재현하여 에너지난을 극복하려는 노력들이 이어지고 있습니다. 머지 않은 미래에 핵융합의 불씨를 가져다 줄 프로메테우스가 나타나기를 바라봅니다.

핵융합으로 무궁무진한 에너지를 생산하기는 하지만 별의 크기나 질량에는 한계가 있습니다. 어느 정도 긴 시간이 지나면 별이 품고 있는 핵융합 연료도 모두 소진되기 마련이지요. 별이 더 이상 핵융합 엔진을 가동할 수 없게 되면 별의 중심부는 차갑게 식어 가며, 그 반동으로 별의 외곽부는 서서히 팽창하게 됩니다. 우리 태양도 남은 일생 동안 서서히 핵융합 엔진이 식어 갈 거예요. 그러면 중심부는 식어 가고 외곽은 팽창하면서 지구 궤도까지 그 크기가 부풀어 오르게 됩니다. 그 결과 부풀어 오른 태양 속으로 지구가 잠식될 수도 있습니다.

만약 별의 질량이 가벼운 편이라면 별의 인생은 여기서 마무리됩니다. 그러나 별의 질량이 충분히 무겁다면 별은 다시 한번 핵융합을 재개하면서 새 출발을 할 수 있죠. 계속 차갑게 수축하던 중심핵의 온도가 다시 높아지면서 다음 단계의 더 뜨거운 핵융합을 할 수 있는 기회가 주어집니다. 전 단계의 핵융합으로 만든 더 무거운 원

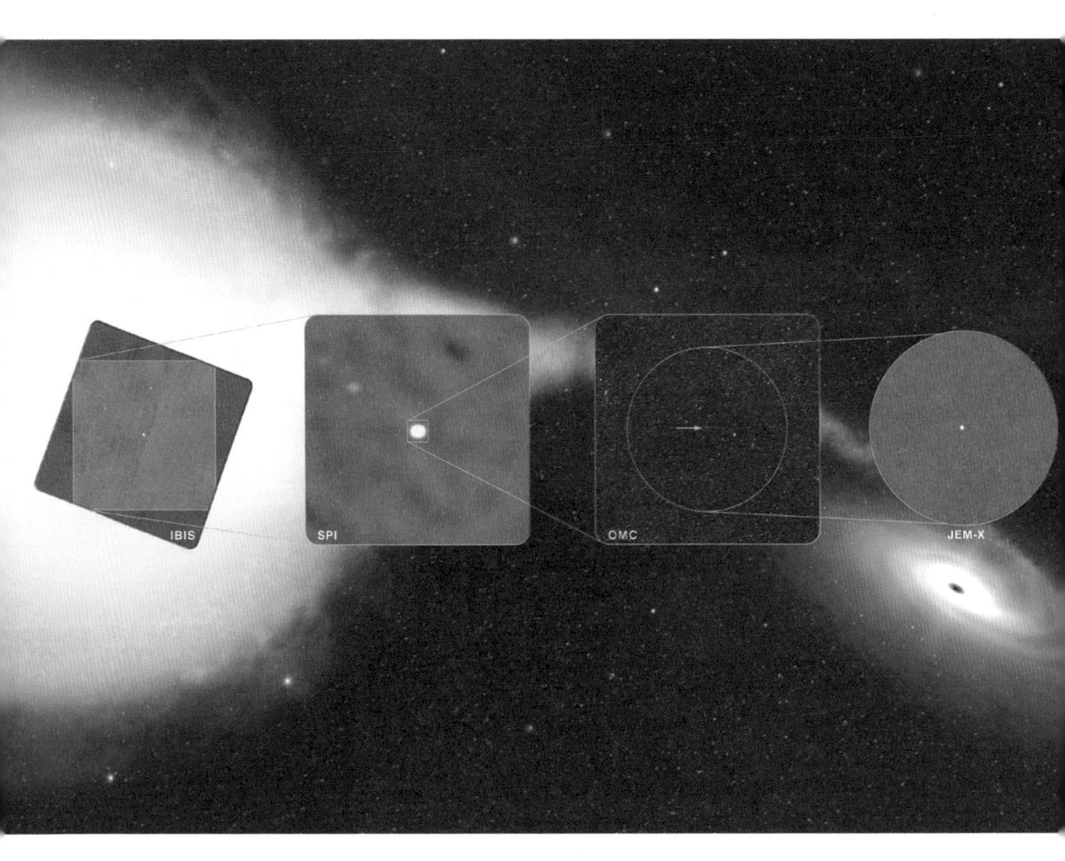

백조자리 X-1 블랙홀은 지구에서 약 1만 광년 거리에 떨어져 있는 아주 밝은 전파 및 엑스선 광원이다. 1970년대에 처음 발견된 이 블랙홀 곁에는 아주 거대한 푸른 초거성 HDE 226868이 바짝 붙어서 맴돌고 있다. HDE 226868은 블랙홀과 너무 가까워, 블랙홀을 고작 5.6일 만에 한 바퀴씩 도는 중이다. 이 푸른 초거성의 표면 가스 물질은 빠르게 블랙홀 곁으로 빨려 들어가고 있다. 위 사진은 그 모습을 다양한 관측 장비로 포착한 것이다.

자핵 찌꺼기를 다음 단계 핵융합의 땔감으로 활용할 수 있는 것이지요.

질량이 무거운 별일수록 이런 과정을 더 오랫동안 지속할 수 있지만 무한히 반복할 수는 없습니다. 우주에서 가장 안정된 원소인 철이 중심핵에 만들어지게 되면, 별은 더 이상 다음 단계의 핵융합을 진행할 수 없습니다. 그보다 질량이 더 무거운 별은 강한 중력에 의해 중심의 한 점으로 붕괴하면서 큰 폭발을 하게 됩니다. 외곽의 별 껍질은 폭발과 함께 주변으로 산산이 날아가 버리고, 중심에는 아주 작은 블랙홀이 주검으로 남게 됩니다. 바로 이것이 별이 진화하면서 만들어 내는, 별 질량 정도의 항성 블랙홀Stellar blackhole입니다. 1971년에 천문학자들이 발견했던 백조자리 X-1 역시 이 항성 블랙홀에 속합니다.

우리은하계에 숨은 괴물

우리 인류는 지름 10만 광년의 거대하고 납작한 원반 모양의 은하계 변두리에 살고 있습니다. 우리가 납작한 은하계에 살고 있으며, 이런 은하계가 우주에 수없이 많다는 것을 알게 된 것은 100년도 채 되지 않습니다. 어쩌면 우리는 은하계에서 아직 한참 어린 문명인지도 모릅니다. 아직 우리는 우리은하에 대해서도 모르는 것이 많습니다.

1971년 천문학자 린덴벨Donald Lynden-Bell, 1935~과 그의 동료 마틴 리스Martin John Rees, 1942~는 수천억 개의 별들이 둥글게 모여 있는 우리은하의 중심에는 그 별들을 강한 중력으로 한데 붙잡고 있는 아주 강력한 블랙홀이 있을 것이라는 예측을 내놓았습니다. 하지만 블랙홀은 빛마저 탈출할 수 없는 천체이기 때문에 그 존재를 육안으로 확인하는 것은 불가능합니다. 그 대신 블랙홀 주변 천체들의 움직임을 통해 간접적으로 추측해 볼 수는 있습니다. 만약 은하 중심에 거대한 블랙홀이 있다면 우리은하 중심의 별들은 굉장히 빠른 속도로 눈에 보이지 않는 어떤 천체 주변을 맴돌고 있을 것입니다. 다만 우리은하는 중심부로 갈수록 별과 먼지 가스가 더 빽빽하게 모여 있기 때문에 관측을 하기가 쉽지 않지요.

천문학자들은 은하 중심에서 맴돌고 있는 별들의 세계, 별들의 러시아워를 보기 위해 먼지 사이를 비집고 볼 수 있는 적외선 망원경을 사용했습니다. 적외선은 파장이 긴 빛이기 때문에 먼지 입자를 피해서 그 사이로 멀리까지 빛을 전달할 수 있지요. 적외선 망원경으로 은하 중심에서 많은 별들의 존재를 선명하게 확인할 수 있었습니다. 천문학자들은 수년간 은하 중심 별들의 움직임을 기록하고 비교하며, 그들의 궤도 운동을 분석했습니다.

그 결과 학자들은 놀라운 사실을 확인했습니다. 은하 중심의 많은 별들이 굉장히 빠른 속도로 눈에 보이지 않는 무언가를 맴돌고 있었던 것이지요. 심지어 별들은 그 눈에 보이지 않는 무언가를 기준으로 빠르게 방향을 전환하며 혜성처럼 다시 멀어지는 궤도를 그리기도 했습니다. 이는 그 천체가 별들이 여러 개 모여 있는 형태가 아니라, 하나의 아주 무거운 단일 천체라는 것을 의미했습니다. 앞서 린덴벨과 리스가 예측했던 아주 거대하고 무거운 블랙홀이라고 의심해 볼 수 있었지요.

1974년 천문학자들은 전파망원경으로 우리은하의 중심을 다시 관측했습니다. 그리고 그 지역의 굉장히 작은 영역에서 아주 강한 전파 에너지가 쏟아져 나오는 것을 확인하여, 거대한 블랙홀 괴물이 숨어 있음을 공식적으로 밝혀냈지요. 이 블랙홀의 질량은 무려 우리 태양의 수백만 배쯤일 것이라고 추정됩니다. 우리은하 중심에 초거대 질량 블랙홀SMBH, Supermassive blackhole이 존재한다는 사실을 확인한 것입니다.

드디어 찍은 우주 괴물의 '인증샷'

초거대 질량 블랙홀 주변에는 블랙홀의 강한 중력에 이끌려 빠르게 그 주변을 맴돌면서 그 마찰에 의해 수백만 도에 가까운 온도로 뜨겁게 가열된 원반이 형성됩니다. 이를 강착 원반Accretion disk이라고 하지요. 초거대 질량 블랙홀의 강착 원반은 블랙홀 주변을 둘러싼 납작한 도넛의 모양을 하게 됩니다. 그러나 실제로 그 모습을 관측할 수 있다면 마냥 단순한 도넛처럼 보이지는 않을 것입니다. 블랙홀의 강력한 중력에 의해 주변의 시공간이 일그러지기 때문입니다. 블랙홀의 앞쪽에 있는 강착 원반은 그대로 보이지만, 블랙홀의 뒤편에 가려져 있는 강착 원반은 시공간이 왜곡되면서 마치 신기루처럼 둥근 블랙홀의 경계가 그려지게 됩니다. 이러한 효과를 중력이 렌즈처럼 공간을 일그러뜨린다고 하여 '중력 렌즈'Gravitational lensing라고 부릅니다. 영화 「인터스텔라」Interstellar, 2014에서도 블랙홀 주변의 일그러진 시공간을 따라 그려진 강착 원반의 모습이 아주 잘 묘사되었습니다.

영화와는 달리 아직 천문학자들은 초거대 질량 블랙홀 주변에 그려지는 강착 원반의 모습을 직접 목격하지 못했습니다. 최근 천문학자들은 우리은하 중심에 존재하는 초거대 질량 블랙홀의 '사건의 지평선' 경계를 직접 촬영하는 대대적인 프로젝트를 준비하고 있습니다. 미국과 칠레, 그리고 남극에 이르기까지 세계 곳곳에 설치된 망원경들이 협력해 궁수자리 방향으로 2만 6,000광년 떨어진 우리은하 중심부를 바라보게 됩니다. 사건의 지평선 망원경EHT, Event Horizon Telescope이라는 이름의 이 프로젝트를 통해 천문학자들은 우리은하 중심의 거대한 블랙홀 괴물의 모습을 처음으로 직접 볼 수 있기를 기대하고 있습니다.

은하 중심에 숨은 초거대 질량 블랙홀의 흔적을 확인할 수 있는 또 다른 방법이 있습니다. 우리은하뿐 아니라 우주 곳곳에 떠다니는 수많은 은하의 중심에서도 막강한 에너지를 토해 내는 초거대 질량 블랙홀들의 존재가 계속 확인되고 있지요. 블랙홀은 단순히 물질을 빨아들인다고만 생각하기 쉽지만, 굉장히 좁은 영역에 과도하게 물질이 유입되면 다른 한쪽으로 새어 나갈 수도 있습니다. 작은 입에 너무 많은 음식을 넣으면 다른 쪽으로 음식물이 삐져나오는 것처럼

거대한 은하 중심에 숨어서 강한 에너지 제트를 내뿜고 있는 블랙홀의 모습. 블랙홀의 크기는 은하 전체 크기에 비해 아주 작지만, 그 작은 블랙홀이 내뿜는 제트는 워낙 강력해서 은하 전체 크기를 압도할 정도로 멀리까지 뻗어 나올 수 있다.

요. 초거대 질량 블랙홀은 주변으로부터 물질을 빨아들여 각 은하 중심에서 막대한 양의 에너지를 토해 내고 있습니다. 강착 원반에 수직한 방향으로, 초거대 질량 블랙홀은 꼬여 있는 강한 자기장 가닥을 형성합니다. 그 가닥을 따라 거의 광속에 가까운 속도로 미처 빨려 들어가지 못한 많은 물질들이 블랙홀 바깥으로 빠져나오게 됩니다. 이렇게 블랙홀이 빠른 속도로 에너지를 토해 내는 현상을 블랙홀 제트Blackhole jet라고 하지요.

블랙홀의 제트는 은하 하나가 품고 있는 신선한 가스를 은하 바깥으로 깨끗하게 날려 버릴 정도로 큰 에너지를 지니고 있습니다. 은하 중심 블랙홀의 활동이 지나치게 왕성하면 새로운 별을 만들 수 있는 신선한 가스들이 사라지면서 은하가 늙어 가게 될 정도로 블랙홀의 영향력은 어마어마합니다. 전파망원경으로 은하들을 관측하면 은하 전체 영역에 걸쳐 에너지 제트를 뿜어 내고 있는 강력한 초거대 질량 블랙홀들의 흔적을 확인할 수 있습니다.

춤추는 블랙홀의 흔적

블랙홀 자체는 빛조차 내보내지 않기 때문에 직접 볼 수 없지만, 그 주변의 뜨거운 강착 원반과 바깥으로 토해 내는 아주 강력한 에너지 제트의 흔적을 통해 간접적으로 존재를 느낄 수 있습니다. 때로는 블랙홀들끼리 상호작용하면서 자신의 존재를 드러내기도 하지요.

우주에 떠 있는 은하들은 가만히 한자리에 고정되어 있지 않습니다. 주변의 다른 은하들과 서로의 중력을 느끼며 아주 빠른 속도로 우주 공간을 가로지르며 떠다니고 있지요. 일부 은하들은 계속 가까워진 끝에 두 은하가 충돌하는 장엄한 모습을 보이기도 합니다. 그 현장에서 각 은하의 중심에 있던 초거대 질량 블랙홀들은 빠르게 서로의 곁을 맴돌면서 더 거대한 블랙홀로 합체할 수 있습니다. 실제로 우주에서 굉장히 다양하고 화려한 모습으로 합체하고 있는 은하들을 발견할 수 있죠.

우리은하 역시 가장 가까운 200만 광년 거리의 안드로메다은하와 아주 빠른 속도로 가까워지고 있습니다. 안드로메다은하도 우리은하처럼 납작한 원반 모습을 하고 있는 은하이고, 그 중심에 초거대 질량 블랙홀이 있습니다. 약 20억 년 후 우리은하와 안드로메다은하가 충돌하면 두 은하 중심의 초거대 질량 블랙홀은 서로의 곁을 빠르게 맴돌 것이고, 두 은하의 별들은 그 주변에 둥글게 퍼지면서 하나의 거대한 타원은하가 될 것입니다.

블랙홀은 아주 강한 중력으로 시공간을 깊숙하게 파 놓고 있을 것입니다. 그런 블랙홀 두 개가 서로 충돌한다면 그 충격파는 엄청나겠지요. 블랙홀 한 쌍의 충돌은 주변의 시공간에 굉장히 강한 떨림을 전할 것이라고 예측되었습니다. 아인슈타인은 이러한 시공간의 떨림을 중력파Gravitational wave라고 불렀고, 이 중력파는 오랫동안 일반상대성 이론을 증명하기 위한 과제로 남아 있었습니다. 천문학자들과 물리학자들은 이 과제를 해결하기 위해 아주 거대한 중력파 낚싯대를 지구에 설치했습니다. 길이 4㎞의 L자 모양 레일을 설치하고, 양 끝에는 거울 장치를 설치했습니다. 라이고LIGO, Laser Interferometer Gravitational-wave Observatory라는 이름의 이 관측소에서는 레일 끝을 향해 아주 강한 레이저를 쏘면서 레이저가 거울에 반사되어 다시 돌아오는 시간을 아주 정밀하게 측정했습니다. 만약 중력파가 지구를 휩쓸고 지나간다면 지구에 설치된 레일 공간 자체가 진동하면서 레이저가 반사되어 되돌아오는 시간이 미세하게 달라지게 되리라는 기대가 있었지요. 하지만 오랫동안 별다른 소식이 없었습니다.

그런데 2015년 9월 굉장히 수상한 신호가 라이고 관측소에 포착되었습니다. 천문학자들과 물리학자들은 모두 긴장한 채 신호를 분석했고, 그 신호가 오차가 아니라 우주에서 날아온 중력파의 흔적이라는 것을 확신했습니다. 각각 태양 질량의 36배와 29배인 두 블랙홀이 서로 접근하다가 결국 하나의 거대한 블랙홀로 합체했고, 그 충격이 주변의 시공간에 전달되면서 퍼진 중력파가 드디어 지구를 스쳐 지나간 것입니다. 그 순간 그 중력파는 지구에 살던 모든 인류의 몸을 통과했으니, 우리의 몸도 아주 작게 울렸을 것입니다. 블랙홀끼리 상호작용하면서 남긴 흔적을 최초로 확인한 순간이었지요.

블랙홀끼리의 상호작용이 항상 해피 엔딩으로 끝나는 것은 아닙니다. 2014년 천문학자들은 하와이의 마우나케아Maunakea 꼭대기에 설치된 세계 최대의 켁 망원경Keck Telescope을 통해 굉장히 독특한 순간을 포착했습니다. 큰곰자리 방향으로 9,000만 광년 떨어진 작은

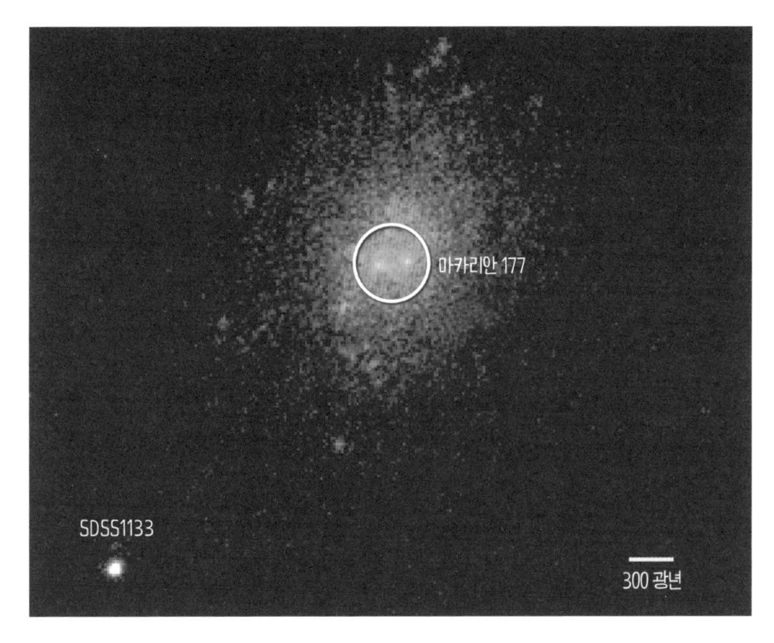

켁 망원경으로 촬영한 '쫓겨난 블랙홀'의 장면이다. 마카리안 177 은하 중심에서 서로 바짝 붙어 맴돌며 격한 춤을 추던 블랙홀 중 하나가 은하 바깥으로 멀리 떨어져나간 모습을 확인할 수 있다. 서로의 강한 중력에 이끌려 힘 겨루기를 한 끝에, 두 블랙홀 중 하나가 튕겨져 날아간 것이다.

은하 마카리안 177Makarian 177의 주변에서 강한 엑스선 광원이 떨어져 나간 것을 발견한 것이지요. 천문학자들은 이 광원에 SDSS1133이라는 이름을 붙였습니다. 천문학자들은 이 천체가 은하들의 상호작용 과정에서 튕겨져 나온 블랙홀이라고 생각했습니다. 두 은하들이 충돌하면서 의도치 않게 바깥으로 '홈런'당한, 불쌍한 블랙홀인 것이지요.

블랙홀 속으로 들어가자

블랙홀은 천문학자뿐 아니라 물리학자들에게도 아주 매력적인 세계였습니다. 블랙홀은 거대한 별이 죽은 것이거나 커다란 은하의 중심에 숨어 있는 것이기 때문에 아주 거대한 천체들의 상호작용으로 인한 중력, 아인슈타인의 일반 상대성 이론 등을 다루는 거시 세계의 물리학으로 접근할 수 있습니다. 또한 아주 작은 하나의 점에 무한에 가까운 밀도와 중력으로 밀집되어 있기 때문에 미시 세계를 다루는 양자 역학의 관점에서도 바라볼 수 있지요. 문제는 중력과 양자 역학은 함께 공존할 수 없는 전혀 다른 물리학이라는 점입니다. 유일하게 그 둘의 공존을 꿈꿀 수 있는 곳이 바로 블랙홀이었죠.

과연 영화에서처럼 블랙홀 속으로 빨려 들어간다면 어떻게 될까요? 과거와 미래의 책장이 무한히 이어진 '무한의 인피니티' 속에서 허우적거리게 될까요? 한번 상상해 보죠.

블랙홀의 중력은 아주 강합니다. 블랙홀을 향해 발부터 쭉 뻗어서 수직으로 다이빙한다면 몸이 쭉 늘어나는 듯한 느낌을 받게 될 것입니다. 뉴턴의 고전적인 중력 법칙에 따르면 중력은 거리가 멀어질수록 거리의 제곱에 반비례해서 약해집니다. 그런데 블랙홀의 중력은 워낙 강한데다 시공간을 깊숙하게 파 놓았기 때문에, 아주 작은 거리의 차이로도 큰 중력차가 발생합니다. 따라서 블랙홀과 상대적으로 가까운 발끝을 끌어당기는 중력과, 상대적으로 먼 머리끝을 끌어당기는 중력이 차이 나게 되죠. 발끝을 끌어당기는 중력이 훨씬

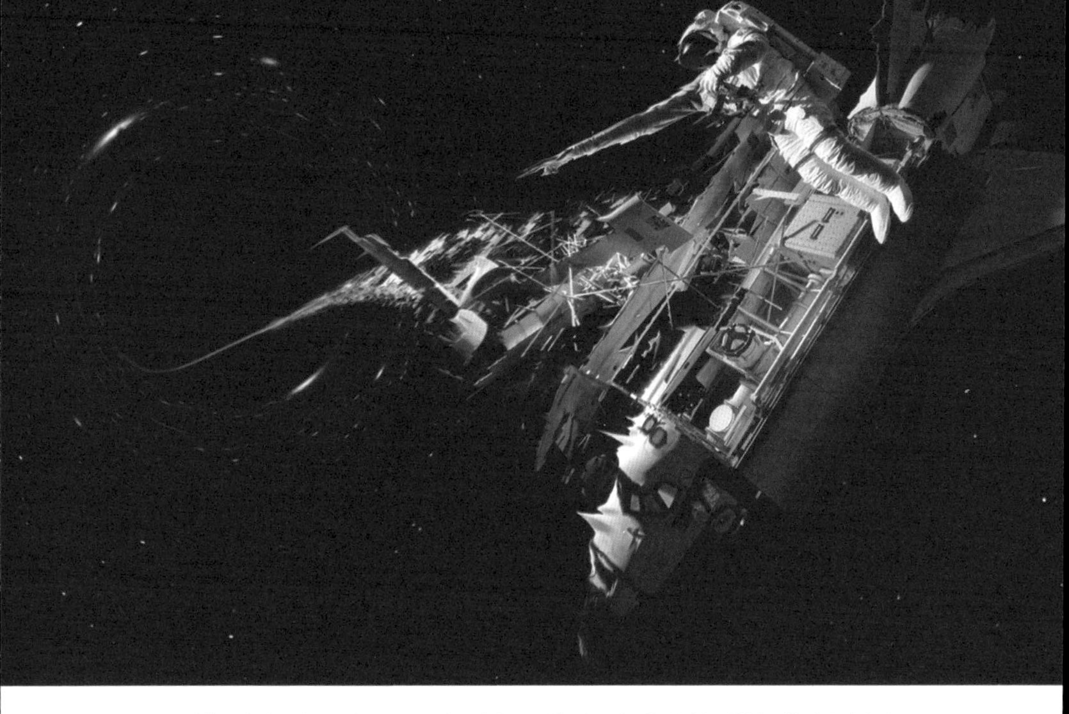

블랙홀의 강한 중력의 수렁 속으로 빨려 들어가는 과정은 아주 괴로울 것이다. 강한 블랙홀의 중력이 발끝과 머리끝을 잡아당기는 힘의 크기가 크게 차이 나기 때문에 몸은 이 중력의 차이에 의해 길게 늘어진다. 천문학자들은 이러한 과정을 스파게티화(Spaghettification)라고 부르기도 한다.

더 강하게 작용하면서 우리의 몸은 마치 스파게티 면처럼 쭉 늘어져 빨려 들어가게 될 것입니다.

그 끔찍한 모습을 바깥에서 누군가가 구경하고 있다고 해도, 우리 몸이 블랙홀 속으로 쭉 늘어지며 빨려 들어가고 있는 이 상황을 파악하기 어려울 것입니다. 블랙홀에 가까워질수록 빛조차 탈출하기 어려울 만큼 시공간이 깊게 파여 있기 때문에, 블랙홀 속으로 빨려 들어가는 사람은 천천히 느려지다가 멈추는 듯한 모습으로 보이게 됩니다. 블랙홀 속으로 빨려 들어가는 사람에게서 나오는 빛이 블랙홀 바깥으로 탈출하지 못하기 때문이지요.

아인슈타인의 일반 상대성 이론에 따르면 블랙홀처럼 아주 강한 중력을 갖고 있는 천체 주변에 가면 공간도 강하게 밀집됩니다. 공간과 시간은 상호 보완적인 관계이지요. 따라서 공간이 밀집된 블랙홀 주변에서는 시간이 아주 느리게 흐르게 됩니다. 블랙홀 속으로 돌진하는 용감한 우주인은 점점 빠르게 빨려 들어가겠지만, 그것을 멀리서 관측하면 블랙홀 주변의 시간이 상대적으로 느리게 흐르는 것처럼 보이기 때문에 점점 블랙홀 근처로 갈수록 속도가 느려지다가 결국 블랙홀 변두리에서 정체하는 듯한 모습으로 보이게 되는 것입니다.

그렇다면 반대로 블랙홀 속으로 빨려 들어가는 당사자가 바깥의 우주를 본다면 어떤 기분일까요? 한 물리학자는 블랙홀을 멀리서 관측하면 그 주변의 시간이 느리게 흘러가는 것처럼 보인다는 일반 상대성 이론의 관점을 뒤집어서 아주 재미있는 상상을 했습니다. 그는 만약 블랙홀 중심에 들어가서 바깥의 우주를 바라본다면, 주변의 우주가 아주 빠른 속도로 흘러가는 모습을 보게 될 수도 있다고 생각했습니다. 시간이 먼 미래 우주의 진화 끝까지 아주 빠른 속도로 달려가는, 즉 우주의 '미래 주마등'을 볼 수 있을지도 모른다는 아주 매력적인 상상이었지요.

블랙홀 속 또 다른 세계

블랙홀의 중심은 천문학자들이 아직 정확하게 파악하지 못하고 있는 미지의 영역 중 하나입니다. 오랫동안 블랙홀은 빛조차 탈출할 수 없는 암흑 덩어리라고만 여겨져 왔지요. 그런데 스티븐 호킹은 블랙홀이 새로운 형태로 에너지를 방출할 수 있다는 주장을 펼쳤습니다.

이 우주에는 두 가지 형태의 물질이 있습니다. 바로 '물질'과 그에 상응하는 '반물질'Antimatter입니다. 이는 작은 입자들의 세계에서도 마찬가지입니다. 이 물질과 반물질은 서로 충돌하면서 사라지며 붕괴하기도 하고, 진공 상태에서 물질과 반물질이 생성되는 일이 발생하기도 합니다. 그런데 이런 일이 만약 블랙홀의 강한 중력이 영향력을 행사하는 경계인 사건의 지평선에서 벌어진다면 어떻게 될까요? 사건의 지평선 근처에서 반물질이 블랙홀 속으로 빨려 들어간다면, 그와 짝을 이루고 있던 물질이 생성되면서 블랙홀의 사건의 지평선 바깥으로 새어 나올 수 있습니다. 스티븐 호킹은 이러한 형태로 블랙홀이 에너지를 방출할 수 있다고 주장했고, 이를 호킹 복사Hawking radiation라고 부릅니다.

2008년 미국항공우주국에서는 먼 우주에 떨어져 있는 블랙홀에서 과연 호킹 복사 형태의 에너지가 새어 나오는지를 확인하기 위해 페르미 우주 망원경Fermi Space Telescope을 띄웠습니다. 이 미션을 통해 천문학자들은 블랙홀 표면에서 호킹 복사에 의해 발생하는 강한 감마선 플레어Gamma-ray flare를 감지해 내려 했습니다. 실제로 호킹 복사가 블랙홀에서 일어나고 있다면 블랙홀은 아주 오랜 시간에 걸쳐 크기가 줄어들며 소멸될 수도 있습니다. 물론 그 시간은 우주의 나이보다 훨씬 길기 때문에 아직까지 우주에서 자연 소멸된 블랙홀은 존재하지 않지만, 우주에서 가장 강력한 괴물로 알려진 블랙홀에게도 정해진 수명이 있다는 사실에 어쩐지 안타까운 마음이 듭니다.

블랙홀이 주변으로 복사 에너지를 방출하고, 일부 입자를 머금을 수 있다면 그 정보는 어디로 가게 될까요? 전 우주를 아우르는 에너지 보존 법칙에 따르면, 블랙홀 속으로 들어간 입자와 물질들의 정보가 단순히 소멸된다고 이야기하기는 어렵습니다. 일부 천문학자들은 블랙홀 속에 들어간 입자와 물질들의 정보가 블랙홀의 표면에 그대로 남아 마치 홀로그램처럼 투영된다는 연구 결과를 발표하기도 했습니다. 사람의 머리카락 성분을 분석하면 지난 며칠간 무엇을 먹고 다녔는지 알 수 있다고 하는 것처럼, 블랙홀 표면을 해석할 수 있다면 블랙홀이 그동안 무엇을 집어삼켰는지를 알 수 있다는 것이지요.

블랙홀의 정중앙은 모든 물리 법칙이 통하지 않고, 우주에서 가장 높은 온도와 밀도를 갖고 있는 괴상한 지점으로 여겨집니다. 이런 블랙홀의 정중앙을 특이점Singularity이라고 하지요. 빅뱅 직전, 우주의 모든 물질과 에너지가 한 점에 모여 있던 태초의 우주도 이러했습니다. 일부 천문학자들은 어쩌면 우리 우주가 시작되었던 지점이 거대한 특이점이었을지도 모른다고 생각합니다.

이 우주에 숨어 있는 모든 블랙홀은 이 우주가 탄생한 이래 130억 년 동안 많은 물질과 에너지를 집어삼켜 왔습니다. 그리고 특이점에서는 계속 고온·고밀도 상태가 유지되며 블랙홀 외곽에 그동안 모아 놓은 물질과 에너지의 정보가 홀로그램처럼 투영되고 있습니다. 천문학자들은 블랙홀의 특이점에서 작은 빅뱅이 벌어지며, 그 안에서 또 다른 우주가 탄생할 수도 있다는 가설을 세우기도 했습니다. 그런 관점을 조금 더 확장한다면, 지금 우리가 사는 이 우주도 하나의 거대한 블랙홀 속에 투영된 홀로그램에 불과할 수도 있다고 생각해 볼 수 있습니다.

우주의 새까만 씨앗 블랙홀

오랫동안 별의 진화와 항성 블랙홀에 대해 연구했던 천문학자들은 우리은하 바깥 외부 은하의 존재를 알게 되면서 은하 중심의 초거대 질량 블랙홀에 관심을 갖기 시작했습니다. '왜 큰 규모의 은하들 대부분은 중심에 초거대 질량 블랙홀을 품고 있을까?', '은하들이 태어나기 위해서는 꼭 거대한 블랙홀이 있어야 하는 것일까?', '아니면 은하가 만들어지고 블랙홀은 자연스럽게 그 이후에 만들어진 것일까?'. 이 초거대 질량 블랙홀이 먼저인지 은하가 먼저인지의 문제는, 달걀이 먼저인지 닭이 먼저인지의 문제인지와 같습니다.

항성 블랙홀은 무거운 별 하나의 진화로 충분히 설명할 수 있습니다. 그러나 태양 질량의 수백만 배 이상의 큰 질량을 갖고 있는 초거대 질량 블랙홀의 탄생은 간단히 설명할 수 없지요. 거대한 블랙홀의 기원을 설명하는 것은 천문학자들의 오랜 과제였습니다.

현재 우주론에 따르면 빅뱅 이후 우주 곳곳에 퍼져 있던 가스와 물질들은 중력에 의해 서로에게 모이며 형체를 잡으면서 별을 형성하고 은하를 만들기 시작했습니다. 그 과정에서 중심부 별들의 밀도가 높아져 나이 많은 별들은 빠르게 진화하여 블랙홀이 되어 버리고, 강한 중력을 행사하는 블랙홀들이 밀집한 은하의 중심에서 블랙홀들이 서로 반죽되면서 아주 거대한 블랙홀 괴물이 만들어졌다는 시나리오가 존재하지요.

이밖에도 우주를 가득 채우고 있는 눈에 보이지 않는 물질, 즉 암흑 물질Dark matter로 이루어진 원시 블랙홀Primodial blackhole이 우주가 탄생한 직후 만들어졌다고 보는 이론도 있습니다. 암흑 물질은 우리 주변의 일반적인 물질과 달리 빛과 상호작용을 하지 않아서 어떤 파장의 빛으로도 관측할 수 없지만, 질량을 갖고 있기 때문에 중력으로는 상호작용을 할 수 있는 물질입니다. 실제로 다양한 중력 관측을 통해 이미 그 존재는 간접적으로 확인되었습니다. 원시 블랙홀이 우주 초기에 존재했는지는 아직 확인되지 않았지만, 은하가 안정적으로 형성되기 위해서는 그 중심에 먼저 원시 블랙홀이 자리 잡아야 한다고 주장하는 천문학자들도 있습니다.

미국항공우주국은 25년이 넘는 시간 동안 대표 우주 망원경으로 활약해 온 허블 우주 망원경이 은퇴하면, 차세대 우주 망원경으로 제임스 웹 우주 망원경JWST, James Webb Space Telescpe을 우주 궤도에 올리

허블의 뒤를 이을 차세대 우주 망원경, 제임스 웹 우주 망원경의 모습이다. 이 새로운 망원경은 지구와 달의 거리보다 세 배 더 먼 곳까지 날아가, 인류 역사상 가장 먼 곳에서 우주를 직접 바라보는 가장 거대한 우주 망원경이 될 것이다.

려고 하고 있습니다. 이 망원경으로 아주 먼 초기 우주를 관측하면서 원시 블랙홀들의 존재를 직접 확인하려는 프로젝트를 준비하고 있지요.

지금까지 발견되고 확인된 블랙홀은 무거운 별이 진화의 마지막 단계에서 남기는 무거운 찌꺼기인 항성 블랙홀과 은하의 중심에 숨어 있는 괴물인 초거대 질량 블랙홀 두 가지입니다. 이 두 종류의 블랙홀은 극과 극의 질량 범위에 놓여 있지요.

항성 블랙홀은 별이 진화해서 만들어지는, 태양 질량 몇 배 수준의 조금 무거운 블랙홀입니다. 반면 초거대 질량 블랙홀은 주변에 별을 수천억 개나 거느릴 수 있는, 태양 질량의 수백만 배나 되는 아주 무겁고 거대한 블랙홀입니다. 자연에서는 모든 요소들이 점진적으로 분포하는 것이 보통입니다. 작은 모래알과 큰 바위 사이에는 다양한 크기의 돌멩이들이 있습니다. 그래서 천문학자들은 항성 블랙홀과 초거대 질량 블랙홀의 중간 정도, 태양 질량의 수천 배에서 수십만 배에 해당하는 중간 질량 블랙홀[IMBH, Intermediate-mass blackhole]이 있지 않을까 하는 의문을 갖기 시작했습니다. 중간 질량 블랙홀이 정말로 존재한다면 어디에서 찾을 수 있을까요?

항성 블랙홀은 개개의 별이 진화하면서 만들어지고, 초거대 질량 블랙홀은 거대한 은하의 중심에 숨어 있습니다. 그렇다면 그 가운데 질량 범위에 해당하는 중간 질량 블랙홀은 별과 은하의 중간인 성단에 있으리라 의심해 볼 수 있겠지요. 성단은 별이 수십만에서 수천만 개 정도 모여 있는 별 무리입니다. 특히 별들이 둥근 주먹밥처럼 모

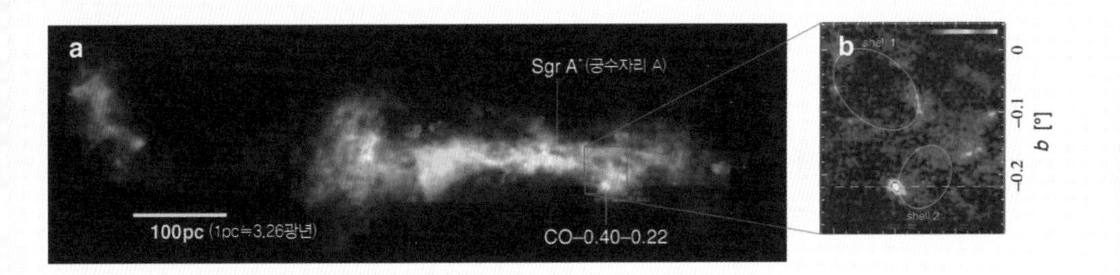

일본의 천문학 연구 팀이 새롭게 발견한 중간 질량 블랙홀의 후보 천체를 표현한 그림이다. 이들은 약 200광년 떨어진 곳에서 CO–0.40–0.22라는 이름의 아주 독특한 움직임을 발견했다. 이 연구 팀은 이 곳에서 아주 빠르게 휘몰아치며 움직이는 먼지 구름의 움직임을 통해 그 중심에 중간 정도의 덩치를 지닌 블랙홀이 존재하리라 추측하고 있다.

여 있는 구상성단은 중심부로 갈수록 별들의 밀도가 높아집니다.

2004년 한 천문학 연구 팀은 우리은하 중심의 궁수자리 근처 초거대 질량 블랙홀 주변을 돌고 있는 수상한 천체 GCIRS 13E를 발견했으며, 이는 블랙홀로 보인다고 보고했습니다. 그 천체의 질량은 태양 질량의 약 1,300배 정도로 추정되었으며 이는 그동안 이론 속에서만 존재했던 중간 질량 블랙홀에 딱 들어맞는 덩치였습니다. 이 정도의 적당한 크기를 갖고 있는 중간 질량 블랙홀들이 우리은하 중심의 초거대 질량 블랙홀 가까이에서 맴돌고 있다는 것은, 우주 초기에 형성된 원시 블랙홀들이 바로 중간 질량 블랙홀이었고 그것들이 여러 개 모여 반죽되면서 은하 중심의 초거대 질량 블랙홀이 된 것이라는 시나리오를 입증하는 새로운 증거가 될 수도 있습니다. 하지만 독일의 일부 천문학자들은 이 천체가 초거대 질량 블랙홀 주변을 맴도는 구상성단에서 예측되는 궤도와는 조금 다른 특성을 보인다며 그들의 결과에 대한 논란을 제기했습니다.

현재까지 다양한 연구 팀에서 구상성단 속에 숨어 있을지 모를 중간 질량 블랙홀을 사냥하기 위해 애써왔습니다. 항성 블랙홀에서 초거대 질량 블랙홀까지로 이어지는 우주 블랙홀 연대기의 빈칸, 그리고 우주 초기 빅뱅 이후 아름다운 은하를 만들어 낸 씨앗이 된 블랙홀들의 이야기까지. 블랙홀은 빨아들인 수많은 이야기를 아직 우리에게 들려주지 않고 있습니다. 블랙홀 속으로 빨려 들어간 '미싱 링크'Missing link를 채우기 위한 천문학자들의 노력은 계속되고 있습니다.

블랙홀은 지금까지 꽤 오랫동안 여러 번 관측되어 그 실재가 확인된 '천체'입니다. 하지만 블랙홀과 흔히 함께 떠올리는 웜홀과 화이트홀은 블랙홀의 존재를 생각해 보았을 때 수학적으로 가정해 볼 수 있는 상상 속의 세계일 뿐 아쉽게도 아직 그 존재가 실제 관측으로 확인되지는 않았습니다.

블랙홀은 단순히 이야기하자면 우주에서 가장 밀도가 높은, 거의 무한에 가까운 고밀도의 '질량 반죽 덩어리'라고 볼 수 있습니다. 블랙홀은 그 질량에 따라 천차만별의 크기를 가질 수 있는데, 작은 행성 정도의 질량이라면 골프공, 또는 더 작은 동전 크기일 수도 있습니다. 별이 수천억 개 넘게 모여 있는 거대한 은하계 정도의 질량이라면 블랙홀 하나만 하더라도 어지간한 '슈퍼스타' 뺨치는 큰 크기를 가질 수 있고요.

먼지 같은 블랙홀부터, 그대로 이미 하나의 별이라고 봐도 될 만큼 거대한 초거대 질량 블랙홀까지… 블랙홀 속에는 지난 130억 년 동안 흘러온 우주의 숨은 이야기들이 고스란히 보관되어 있을 것입니다. 그리고 그런 비밀스러운 블랙홀은 생각보다 우리 곁 가까운 곳에 있을지도 모릅니다!

"오늘 밤 블랙홀을 보고 싶다면, 궁수자리 쪽 하늘을 바라보자. 바로 그곳에 우리은하계를 한껏 움켜쥐고 있는 거대한 블랙홀이 숨어 있을 것이다."

–미치오 카쿠Michio Kaku

1문 1답 정리 노트

Q. 블랙홀이 별의 찌꺼기라고요?

별들은 핵융합을 통해 수십억 년 동안 쉬지 않고 밝게 빛납니다. 무거운 별이라면 핵융합 과정을 여러 번 반복하면서 거듭 새 출발을 하기도 하지만, 이 과정을 무한히 반복할 수는 없고 중심핵에 철이 만들어지면 핵융합을 멈추게 됩니다. 질량이 아주 무거운 별은 진화 막바지에 아주 큰 폭발을 하면서 중력에 의해 중심의 한 점으로 붕괴된 블랙홀을 남깁니다. 이 블랙홀을 항성 블랙홀이라고 하지요.

Q. 우리은하에도 블랙홀이 있을까요?

있습니다! 1974년 천문학자들은 궁수자리 쪽 우리은하의 중심 부근을 관측하여 그 지역의 작은 영역에서 아주 강한 전파 에너지가 쏟아져 나오고 있다는 사실을 확인했습니다. 이 우리은하 속의 괴물의 질량은 우리 태양의 수백만 배나 될 것이라고 해요! 이렇게 은하 중심에 있는 블랙홀은 초거대질량 블랙홀이라고 합니다.

Q. 블랙홀 속에 들어가면 어떻게 될까요?

블랙홀의 중력은 매우 강력해서 블랙홀을 향해 발부터 뻗어 들어간다고 가정하면 몸이 쭉 늘어나는 느낌을 받게 될 거예요. 블랙홀과 가까운 발끝과 블랙홀과 상대적으로 먼 머리끝을 끌어당기는 중력에 차이가 발생하기 때문이랍니다. 천문학자들은 이 과정을 '스파게티화'라고 부르기도 해요!

Q. 블랙홀이 존재한다면, 웜홀과 화이트홀도 있나요?

블랙홀은 실제로 관측된 천체이지만, 웜홀과 화이트홀은 아직 관측된 바 없습니다. 블랙홀의 존재를 생각했을 때 수학적으로 가정해 볼 수 있는 상상 속의 세계일 뿐이지요.

07

떨어지는 저 별에 소원을 빌어도 될까?

#혜성 #공포의대상 #어디에서왔나
#꼬리의비밀 #궁금해 #별똥별 #혜성의후예

하늘에 불현듯 나타난 공포의 대상

어릴 적 여름만 되면 동네 구석구석을 누비며 소독차가 돌아다녔습니다. 방 안에서 과제를 하던 중에도 소독차의 굉음과 함께 약간 독특한 냄새를 풍기는 하얀 안개가 창문 틈 사이로 들어오면 하던 일을 멈추고 집 밖으로 나가 그 하얀 연기를 뒤쫓고는 했습니다. 마치 구름 속을 헤매는 듯 몽환적인 착각에 빠진 채 정신없이 소독차의 뒤꽁무니를 따라가다 하얀 안개가 걷히고 나면 어느새 길 위에 모여 있는 친구들을 발견할 수 있었습니다. 요즘에는 예전처럼 소독차가 잘 다니지 않지요. 이런 어린 시절 추억을 이야기하면 벌써 '아재' 소리를 듣는 것은 아닐까 염려가 되기도 하지만, 소독차가 뒤로 내뿜는 하얀 안개에 파묻혀 마냥 내달릴 수 있었던 것은 어린 시절의 좋은 추억이라고 생각합니다.

2014년 태양계 한구석에서 소독차의 연기를 따라가는 것과 같은 장면이 재현되었습니다. 이번에 하얀 가스의 뒤를 좇은 주인공은 바로 태양계가 어떻게 만들어졌는지 그 탄생과 기원을 파헤치고 싶었던 천문학자들이었습니다. 그리고 그들이 좇아간 우주의 소독차는 바로 하얗고 기다란 가스 꼬리를 그리며 질주하는 혜성이었지요.

혜성의 정체는 대체 무엇일까요? 혜성이 처음 인류의 기록에 나타난 것은 기원전 300년 정도입니다. 당시 철학자이자 천문학자로 활동했던 아리스토텔레스Aristoteles, B.C. 384~B.C. 322는 하늘에 뚜렷하고 인상적인 꼬리를 그리며 지나가는 혜성을 보며 지구 대기권 안에서 벌어지는 대기 현상이라고 생각했습니다. 당시 사람들은 우주는 조물주가 빚은 아주 조화로운 세상이라고 생각했습니다. 그런 우주에서 불현듯 나타났다가 사라지는 혜성은 곧 들이닥칠 좋지 못한 일을 암시하는 흉조이기도 했지요.

실제로 혜성이 나타나고 나서 얼마 지나지 않아 왕이 죽는다거나, 홍수 등 큰 자연 재해가 발생하는 우연이 겹치자 혜성이 하늘에서 내리는 불행의 계시라는 믿음은 강해졌습니다. 15세기 시인들이 혜성을 묘사한 시를 보면 혜성에 대해 '열, 병, 역병, 죽음, 고난의 시간, 기근을 가져온다.'라고 표현하기도 했습니다. 혜성에 대한 막연한 두려움을 볼 수 있는 문장입니다. 하늘에 갑자기 나타나는 혜성에 대한 사람들의 공포는 이후로도 오랫동안 이어졌습니다.

1910년 핼리 혜성Halley Comet이 찾아왔을 때는 천문학자들의 과학적 발견이 사람들을 공포에 빠뜨리기도 했습니다. 당시 천문학자들은 별이나 가스에서 새어 나오는 빛의 스펙트럼을 분석하여 그 화학 성분을 파악하는 방법을 터득했습니다. 그리하여 하늘을 가르고 지나가는 핼리 혜성의 뒤로 그려진 긴 꼬리의 화학 성분을 확인했지요. 그런데 그 속에서 아주 놀라운 물질을 확인했습니다. 바로 해로운 독성 물질로 알려진 시안 성분이 검출된 것입니다. 그 소식이 퍼지면서 사람들은 혜성의 독성 가스 꼬리 속을 지구가 통과하면 그때 지구의 모든 생물은 목숨을 잃고 멸종하게 될 것이라는 두려움에 떨었습니다. 그래서 혜성에 의한 지구 멸망에서 살아남게 해준다는 방독면부터 혜성의 독성 가스에 버틸 수 있게 해 준다는 알

1910년 핼리 혜성이 왔을 당시 판매되었던 혜성 먼지를 막아 주는 우산과 독성 가스를 견디게 해 주는 알약 등을 홍보하는 광고.

약, 혜성 먼지로부터 몸을 보호해 주는 우산 등 다양한 '봉이 김선달'들의 상술이 판을 쳤습니다. 물론 지금 이 글을 읽고 있는 여러분이 직접 증명하듯 지구는 별 탈 없이 무사하죠.

꽤 최근인 1977년 지구 밤하늘에 거대한 모습으로 찾아왔던 헤일밥 혜성Hale-Bop Comet 때에도 그 혜성에 대한 오해로 인해 비극적인 일이 벌어지기도 했습니다. 어느 종교의 신자들은 그 혜성이 지구를 멸망시키기 위해 찾아오는 외계인의 우주선이라고 생각했습니다. 심지어 세상이 멸망하기 전에 스스로 세상을 떠나는 것이 낫다고 생각한 30명 이상의 사람들은 정말 그 일을 실천하기도 했지요. 이처럼 하늘에 예고 없이 나타난 혜성은 비교적 최근까지 인류를 두려움에 빠뜨려 왔습니다.

혜성 탐구의 역사

한편 천문학자들은 사람들을 공포에 떨게 만드는 혜성의 정체가 무엇인지를 파헤치고 연구했습니다. 독일의 천문학자 아피아누스 Petras Apianus, 1495~1552는 처음으로 혜성을 꾸준히 관측하면서, 혜성의 꼬리가 태양의 반대 방향으로만 길게 그려진다는 것을 발견했습니다. 혜성이 지구 대기권 속에서 벌어지는 대기 현상의 일종이라고 생각했던 아리스토텔레스의 추론을 반박할 수 있는 중요한 발견이었지요. 아피아누스는 1540년 저서를 출간하며 이 내용을 그림과

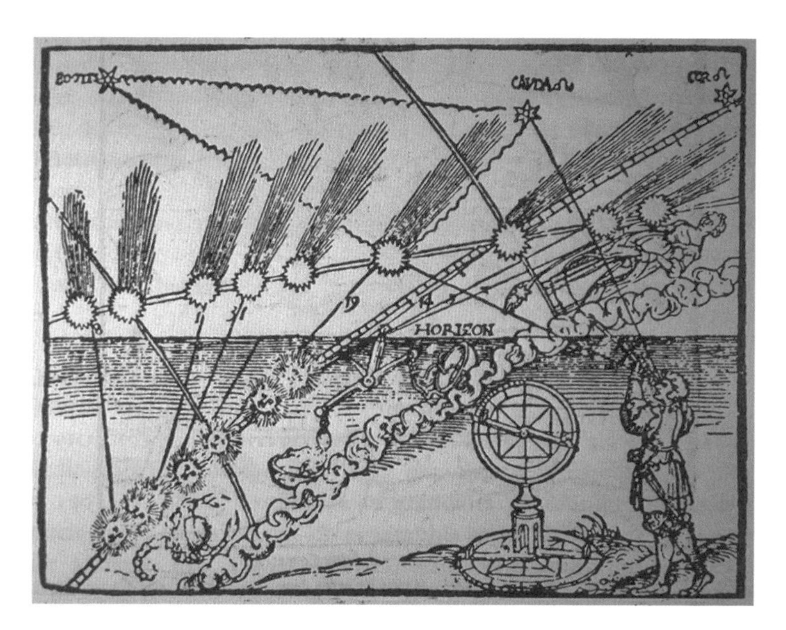

천문학자 아피아누스가 출간했던 논문 속 혜성의 꼬리에 대한 기록. 그는 혜성의 꼬리가 태양 반대편으로만 뻗어 나간다는 중요한 사실을 포착했다.

함께 수록했습니다.

뒤이어 덴마크의 유명한 관측 덕후, 천문학자 브라헤Tycho Brahe, 1546~1601도 아리스토텔레스의 주장에 반기를 들었습니다. 그는 혜성이 지구 대기권 바깥 먼 우주에서 벌어지는 별개의 천체 현상이라고 생각했습니다. 브라헤는 1577년 지구 곁을 스쳐 지나갔던 대 혜성을 관측하면서 이 혜성이 지구와 달의 거리보다 먼 거리인 150만km 정도 떨어져 있다는 것을 발견했습니다.

당시 천문학자들은 지구를 중심으로 태양을 비롯한 천체들이 맴돈다는 지구 중심 우주론에 입각하여 우주를 상상했습니다. 하지만 브라헤는 혜성이 달보다 더 멀리 떨어진 채 우주를 질주하는 별개의 천체라는 것을 확인했고, 비로소 혜성이 우주에서 벌어지는 독특한 천체 현상의 하나로 다뤄질 수 있었습니다.

하지만 이때까지도 혜성이 정확하게 어떤 궤도를 그리며 우주를 날아가는 것인지는 확실하지 않았습니다. 이후 브라헤의 수제자였던 천문학자 케플러Johannes Kepler, 1517~1630는 태양계 행성들이 약간 찌그러진 타원 궤도를 그리면서 태양을 맴돌고 있다는 사실을 밝혀냈지만, 그런 그조차 혜성만은 특별한 천체라고 생각했고 혜성이 움직이는 궤적은 직선이라고 생각했습니다.

폴란드-리투아니아의 정치인이자 천문학자였던 헤벨리우스 Johannes Hevelius, 1611~1687는 혜성에 대해 더 면밀한 연구를 진행했고, 케플러도 미처 알아내지 못한 새로운 사실을 확인했습니다. 그는 당시 망원경으로 직접 달을 바라보며 달 표면의 지도를 세밀하게 연구하는 월면학으로도 유명한 천문학자였습니다. 1668년 그는 혜성의 궤적과 꼬리의 특징을 정밀하게 정리하고 묘사해 『혜성도보』 Cometogrphia를 출간했습니다. 그의 책에서 혜성은 태양을 중심으로 크게 찌그러진 포물선 궤도를 그리며 빠르게 태양 곁을 지나갑니다. 그리고 헤벨리우스는 그런 궤도를 그리는 혜성의 운동을 수학적으로 정확하게 계산하기도 했습니다.

한편 영국의 천문학자 핼리Edmond Halley, 1656~1742는 당시 뉴턴이 발표하여 많은 과학자들에게 영감을 주었던 만유인력 법칙을 바탕으

런던 템스강 위로 나타났던 핼리 혜성의 모습을 담은 그림. 핼리가 예측했던 바로 그해에 혜성이 다시 나타났다.

로 태양의 중력에 의해 혜성이 어떻게 움직이게 될지를 계산했습니다. (네, 바로 우리가 가장 잘 알고 있는 그 혜성의 이름 핼리입니다!) 그런데 우연히 1531년, 1607년, 그리고 1682년에 출현했다고 기록된 혜성들이 비슷한 궤도를 따라 움직이고 있다는 것을 확인했습니다. 그는 그 혜성들이 모두 하나의 궤도를 따라 움직이는 동일한 혜성이며, 대략 76년을 주기로 반복해서 태양 곁으로 다가왔다가 다시 멀어진다고 생각했습니다. 그리고 다음 주기가 돌아오는 1758년이 되면 똑같은 혜성이 다시 가까이 지나갈 것이라고 예측했지요.

과연 그의 예측은 어떻게 되었을까요? 아쉽게도 그는 생전에 핼리 혜성의 출현을 눈으로 확인하지 못했지만 그가 예측했던 바로 그해에 핼리 혜성이 하늘 높이 지나갔습니다.

이윽고 시간이 흘러 1986년, 인류의 우주 탐사 기술 그리고 관측 기술이 더 발전한 때에도 핼리 혜성은 어김없이 찾아왔습니다. 그리고 그 모습은 많은 천문대와 사진작가들에게 포착되었죠. 앞으로 별다른 일 없이 다음 주기까지 무사히 시간이 흘러간다면 우리는 다시 76년이 지난 2062년 또 한 번 핼리 혜성을 직접 확인할 수 있을 것입니다.

혜성은 어디에서 오는 것일까?

그렇다면 가끔씩 지구 곁, 태양계 안쪽으로 찾아왔다가 다시 멀리 도망가는 혜성은 대체 어디에서 오는 것일까요? 혜성의 고향은 어디일까요?

눈이 오고 나서 며칠 후 길 위로 제설차가 한바탕 제설 작업을 하고 나면, 아스팔트 도로 구석구석에서 각종 지저분한 오염 물질을 뒤집어 쓴 잿빛 눈뭉치를 볼 수 있습니다. 혜성은 사실 길가에 모여 있는 이런 더러운 얼음 덩어리와 비슷한 상태로, 태양계 외곽에 머물러 있는 얼음 조각들입니다. 변두리의 얼음 조각들이 가끔씩 태양의 강한 중력에 의해 태양계 안쪽으로 끌려오는 것이지요.

태양계 안쪽으로 얼마나 자주 찾아오는지 그 빈도에 따라 혜성은 두 가지로 구분됩니다. 수십 년 정도 비교적 짧은 주기로 찾아오는 혜성을 단주기 혜성이라고 하고, 거의 일생에 한 번만 태양계 안쪽으로 찾아오고 다시 떠나가면 돌아오지 못하는, 영원히 떠나 버리는 혜성을 장주기 혜성이라고 합니다.

혜성이 찾아오는 빈도가 달라지는 이유는 각 혜성의 고향이 다르기 때문입니다. 네덜란드의 천문학자 오르트Jan Hendrick Oort, 1900~1992는 아주 멀리서 날아오는 장주기 혜성들의 궤도를 분석해 그 얼음 조각들이 대체 얼마나 멀리 떨어진 곳에서부터 여행을 시작하는지 그 출발 지점의 위치를 유추했습니다. 그는 태양계 바깥 아주 멀리, 태양으로부터 1.6광년 떨어진 곳에 크고 작은 얼음 부스러기들이 구름처럼 모여 있다고 생각했습니다. 오르트 구름Oort Cloud라고 부르는 이 장주기 혜성들의 고향은 아직 실제 관측으로 확인되지는 않았습니다.

비교적 자주 찾아오는 혜성들은 태양계의 변두리 중에서도 그나마 안쪽인 명왕성 궤도 부근에 모여 있습니다. 크고 작은 얼음 부스러기 천체들이 명왕성 궤도 너머부터 꽤 넓은 범위에 걸쳐 거대한 띠를 두르고 모여 있지요. 에스토니아의 천문학자 오픽Ernst Opik, 1893~1985은 이런 단주기 혜성들이 모여 있는 그들의 고향, 카이퍼 벨트Kuiper Belt의 존재를 예측했습니다. 카이퍼 벨트는 아직 이론적 상상 속에서만 존재하는 오르트 구름과 달리 실제 관측을 통해 확인된 태양계의 일부입니다. 카이퍼 벨트에 머물고 있던 얼음 조각이 태양의 중력에 의해 안쪽으로 끌려오기 시작하면 바로 그것이 단주

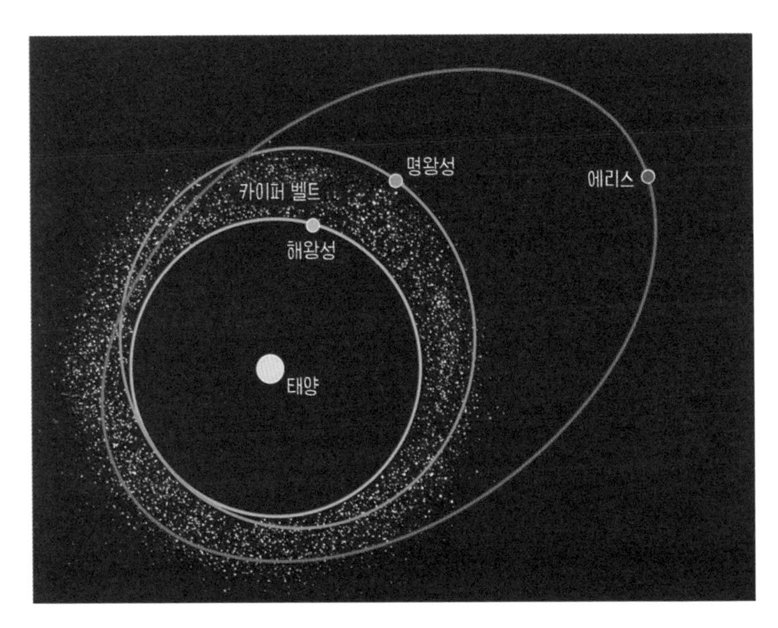

태양계 외곽에서 궤도를 따라 돌고 있는 천체들을 표현한 그림. 해왕성과 명왕성 궤도 사이에는 크고 작은 얼음 부스러기 천체들이 가득 모인 카이퍼 벨트가 있다. 대부분의 단주기 혜성은 이곳에서 날아온다.

기 혜성이 됩니다. 가장 잘 알려진 혜성 중 하나인 핼리 혜성도 이 단주기 혜성에 속합니다.

차가운 심장을 품고 있는 혜성

혜성들은 태양계 안쪽으로 찾아올 때마다 모습이 달라집니다. 태양계 외곽에서 출발할 때는 그저 차갑게 얼어붙은 얼음 조각에 불과했던 것이 점점 태양의 중력에 이끌려 안쪽으로 들어올수록 태양의 강한 열과 강력한 태양풍을 마주하게 되지요. 그러니 태양계 안쪽을 지나갈 때마다 태양의 열에 의해 혜성의 많은 부분이 승화해서 사라집니다. 혜성은 태양 곁을 지나갈 때마다 뜨겁고 격렬한 다이어트를 겪는 셈입니다.

실제로 굉장히 많은 혜성들이 태양을 여러 번 찾아올 수 있는 단주기 궤도를 돌고 있는데도, 한 번 지나간 이후 다시 볼 수 없는 경우가 많습니다. 태양 곁을 지나가면서 일순간 모두 승화해서 사라져 버리는 것입니다. 마치 밀랍 날개를 달고 태양으로 돌진했던 이카루스처럼 태양으로 곤두박질치며 하얗게 사라지는 열정적인 혜성들이지요. 이를 선 그레이저Sun grazer 혜성이라고 부르기도 합니다.

2013년 11월경 모든 천문학자들을 설레게 했던 아이손ISON 혜성이 대표적인 선 그레이저 혜성입니다. 아이손 혜성이 태양계 외곽에서 서서히 다가오며 목성 궤도 근처를 지날 즈음 허블 우주 망원경을 비롯한 많은 지상 및 우주의 망원경들은 아이손 혜성에 주목했습니다. 태양계 안으로 다가오던 아이손 혜성이 태양 빛을 받아 밝게 빛나는 부분은 마치 영화에서 보던 삼각형 모양의 우주선 조명처럼 보이기도 했지요. 그래서 일부 사람들은 아이손 혜성이 사실 지구를 공격하기 위해 찾아오는, 영화 「인디펜던스 데이」에 등장하는 것 같은 거대한 외계인들의 우주선이라고 이야기하기도 했습니다. 현대에 들어 다시 한번 혜성이 인류를 위협하는 공포의 대상으로 돌아온 것입니다.

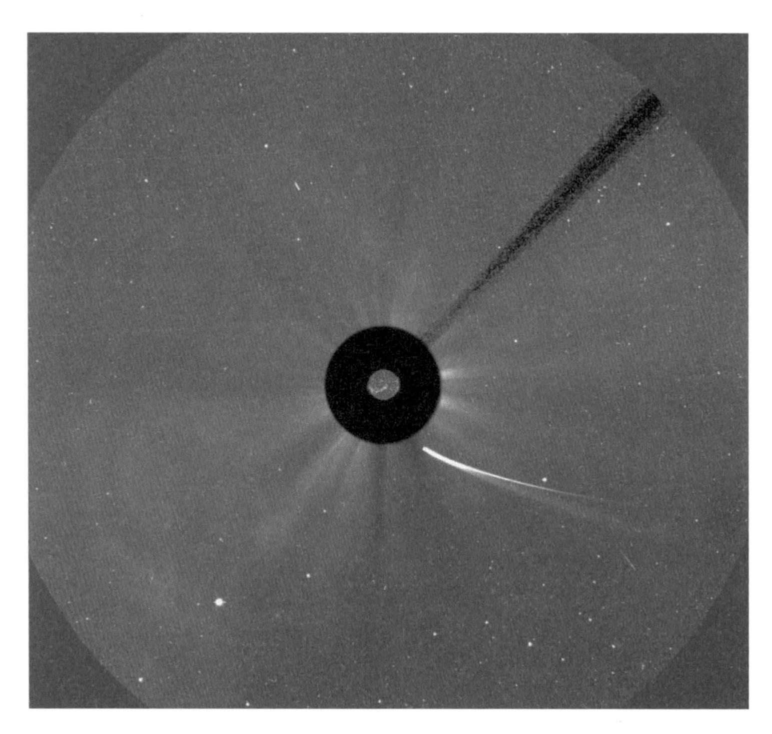

태양을 향해 곤두박질치며 밝고 긴 꼬리를 만들어 내는 선 그레이저 혜성의 모습을 태양 관측 망원경으로 포착한 것이다.

당시 방영되었던 드라마 「별에서 온 그대」에서 주인공인 외계인 '도민준'도 지구 근처를 지나가던 혜성을 타고 지구로 찾아왔다고 하지요. 마침 우주가 도와준 덕분에, 드라마 방영 시기에 금세기 최대 밝기로 보일 것으로 예상되었던 아이손 혜성이 다가오고 있었습니다. 그래서 드라마 말미에서도 이 혜성을 언급하면서, 주인공 도민준이 다시 고향으로 돌아갈 때 타고 가는 귀환선이라고 이야기하기도 했습니다. 그러나 만약 정말로 도민준이 아이손 혜성에 몸을 실었다면 드라마의 결말은 아주 끔찍했을 것입니다. 아이손 혜성은 수성 궤도보다 더 안쪽으로 태양에 바짝 붙어 지나가는 바람에 혜성의 절반 이상이 모두 승화해 버렸거든요. 태양을 계속 주시하는 태양 관측 망원경으로 아이손 혜성의 궤적을 추적했지만 안타깝게도 태양 가까이 접근하다가 태양 뒤편으로 숨었던 아이손 혜성은 무사하지 못했습니다. 거의 대부분이 태양의 뜨거운 열에 의해 승화해 버렸고, 얼마 남지 않은 일부분만 다시 태양 너머로 멀리 날아가버렸지요. 금세기 최고의 우주 쇼가 될 것이라며 모든 천문학 팬들을 한껏 들뜨게 만들었던 혜성 아이손은 그렇게 조용히 사라졌습니다.

아이손을 비롯한 모든 혜성이 태양계 안쪽으로 돌진하는 모습은 마치 물의 흐름을 거슬러 상류로 올라가는 연어 떼의 모습을 떠올리게 합니다. 태양과 같은 모든 별, 뜨거운 가스 덩어리는 사방으로 펄펄 끓고 빛을 내며 굉장히 빠른 속도로 가스 물질을 토해 냅니다. 얼굴 사방으로 트림과 방귀를 내보내면서 주변 공간에 우주급 민폐를 부리는 셈이죠. 태양이 토해 내는 이러한 트림과 방귀는 태양풍이라고 부릅니다. 가끔 태양 활동이 지나치게 왕성할 때는 태양 표면에서 거대한 자기장 가닥이 끊어지면서 큰 폭발과 함께 물질이 멀리까지 뻗어 나가는 경우도 있습니다. 이런 현상을 태양 코로나 물질 분출Solar Coronal Mass Ejection이라고 합니다.

뜨거운 태양에 가까이 다가갈수록 차갑게 얼어붙은 혜성의 핵은 더 빠르게 많이 승화하고, 그 주변으로 둥글게 승화된 가스가 핵을 에워싸게 됩니다. 핵을 둘러싼 쪽빛 가스 구름을 코마Coma라고 합니다. 혜성의 핵 자체의 크기는 조금 거대한 바위에서 거대한 산 정도에 버금가는 수천km 정도이지만, 핵이 승화하면서 부풀어 오른 가스 구름 코마는 훨씬 더 크게 성장할 수 있습니다.

특히 태양에 혜성 핵이 다가갈수록 코마는 빠르게 성장하고 더 밝아집니다. 그래서 혜성은 태양에 가까이 접근할수록 더 잘 보이지만, 태양 빛이 워낙 밝기 때문에 해가 뜨기 직전이나 진 직후 짧은 시간 동안만 지평선 근처에서 겨우 볼 수 있습니다. 지금까지 나타난 혜성 가운데 가장 거대한 크기의 코마를 가졌던 걸로 기록된 주인공은 홈스 혜성Holmes Comet입니다. 1892년에 처음 발견된 이 혜성은 7년이라는 비교적 짧은 주기로 찾아오는 단주기 혜성입니다. 2007년 11월에 태양 가까이로 찾아왔을 때는 이 혜성의 핵에서 승화된 코마 구름이 너무 거대해지는 바람에 무려 태양보다 더 큰 크기를 갖기도 했습니다. 그 순간만큼은 홈스 혜성이 태양계에서 가장 큰 천체였던 것입니다!

혜성의 매력적인 꼬리

중심에서 강한 태양풍이 계속 불어나오는 태양은 태양풍이 흐르는 강줄기의 수원지라고 볼 수 있습니다. 그 수원지로부터 우주 바깥으로 태양풍이 흘러가는 흐름을 거슬러, 혜성은 태양계 안쪽으로

태양보다 더 크게 부풀어 오른 코마를 품은 홈스 혜성.

헤엄쳐 들어갑니다. 그래서 태양계 안쪽으로 돌진하는 혜성의 뒤에는 긴 꼬리가 그려집니다. 마치 동화 속 헨젤과 그레텔이 다시 집으로 돌아가기 위해 빵가루를 길 위에 뿌렸던 것처럼, 자신이 달려가는 궤적을 따라 기다란 가스 꼬리를 그립니다.

그런데 태양에 가까워진 혜성을 잘 관측해 보면, 혜성의 꼬리가 하나가 아니라 두 가닥이라는 것을 확인할 수 있습니다. 서로 약간

다른 방향으로 틀어진 두 꼬리가 혜성의 머리 뒤로 이어집니다. 둘 중 하나는 혜성으로부터 부서져 날아간 먼지가 만들어 낸 먼지 꼬리입니다. 다른 하나는 태양의 강한 태양풍에 의해 에너지를 얻어 승화해 날아가는 이온 입자의 흐름, 즉 이온 꼬리입니다. 먼지 꼬리는 단순히 혜성이 날아가는 방향의 뒤로 그려집니다. 그러나 이온 꼬리는 태양풍이 불어오는 방향을 따라 그려집니다. 연기를 내뿜으며 기찻길 위로 달리는 구식 증기 기관차의 모습을 떠올려 봅시다. 가장 선두를 달리는 기관차나 뒤를 이은 객차들은 기찻길을 따라 달립니다. 이것은 먼지 꼬리가 혜성의 궤적을 따라 그려지는 것과 비슷하죠. 그러나 바람을 타고 퍼져 나가는 기관차의 연기는 기찻길을 따라 그려지지 않지요. 기찻길과 약간 틀어진 다른 방향으로, 즉 바람이 부는 방향으로 연기가 길게 퍼져 나갑니다.

보통 혜성의 꼬리라고 하면 혜성이 돌진하는 방향의 뒤쪽으로 이어진다고 생각하기 쉽습니다. 그러나 태양풍에 따라 그려지는 이온 꼬리는 꼭 그렇지는 않습니다. 오히려 돌진하는 혜성의 머리를 앞질러 더 앞쪽으로 그려질 수도 있습니다. 이런 모습은 태양 주변에서 방향을 꺾으며 다시 태양계 바깥쪽을 향해 떠나가는 혜성에서 볼 수 있습니다. 다시 태양에서 멀어지며 원래 살고 있던 태양계 변두리로 돌아가는 혜성들은 뒤통수를 때리는 태양풍 때문에 돌진 방향의 앞쪽으로 이온 꼬리가 그려집니다. 머리 긴 사람이 강한 바람을 등지고 걸어갈 때, 긴 머리카락이 얼굴 앞으로 흩날리는 것과 비슷합니다.

태양에 가장 가까운 근일점을 지나 다시 태양에서 멀어지며 돌아가는 맥너트 혜성(McNaught Comet). 꼬리가 휘어지는 모습을 볼 수 있다.

이렇게 그려지는 혜성의 꼬리는 얼마나 길까요? 혜성이 그리는 꼬리의 길이는 평균 1억㎞ 정도입니다. 굉장한 길이죠! 지구에서 태양까지 거리가 약 1억 5,000만㎞이니, 얼음 조각 하나가 태양계에 그리는 궤적의 길이가 지구와 태양 사이 거리에 맞먹을 만큼 긴 것입니다.

혜성들이 남기고 간 무수한 잔해들은 이후 지구가 태양 주변을 맴도는 동안 계속 영향을 줍니다. 태양 주변을 주기적으로 맴도는 혜성의 궤적이 어느 지점에서 우연히 지구의 공전 궤도와 만난다면, 지구가 도는 궤도에도 혜성이 질주하면서 남긴 부스러기가 남게 됩니다. 그저 자기 궤도를 따라 가는 지구 앞에 혜성이 온갖 얼음 부스러기들을 버리고 도망간 것입니다. 그렇다고 지구가 브레이크를 밟아서 멈출 수도, 방향을 틀어 피할 수도 없습니다. 눈앞에 뻔히 먼지 부스러기들이 떠 있지만, 지구는 그곳을 향해 빠른 공전 속도 그대로 돌진할 수밖에 없습니다. 그래서 지구에서는 대기권으로 부스러기들이 떨어지는 경험을 하게 됩니다. 바로 이것이 우리가 가끔 맑은 하늘에서 볼 수 있는 유성우, 즉 별똥별의 정체입니다. 별똥별이라고 하면 지구는 가만히 있고, 주변의 부스러기들이 지구로 날아와서 떨어지는 것이라고 생각하기 쉽습니다. 하지만 실제로는 그 먼지 부스러기들은 지구가 가는 길목에 가만히 떠 있고, 그곳을 향해 지구가 돌진하는 것이죠.

스위프트-터틀 혜성Swift-Tuttle Comet, 핼리 혜성 등 많은 혜성들은 지구 궤도와 궤적이 겹칩니다. 그래서 지구 궤도 위에 부스러기를 남깁니다. 이 혜성들이 남긴 잔해를 지날 때마다 지구는 유성우 샤워를 맞게 됩니다. 지구가 태양 주변을 공전하면서 한 방향을 향해 가기 때문에, 지구로 떨어지는 유성우들은 그 특정한 중심점을 기준으로 방사형으로 떨어집니다. 그래서 주기적으로 찾아오는 많은 유성우들의 이름 앞에 특정한 방향을 가리키는 별자리의 이름이 붙는 것입니다.

그렇다면 우리는 떨어지는 저 별에 소원을 빌어도 될까요? 유성과 혜성은 우리가 비는 소원을 들을 수 있을까요? 유성과 혜성은 모두 긴 꼬리를 그리기 때문에 둘을 착각하는 경우가 많지만 유성과 혜성은 엄연히 다른 천체입니다. 우선 혜성은 저 멀리 태양계 외곽에서 천천히 끌려들어 와 태양 주변을 스쳐 지나 다시 멀리 도망가는 천체입니다. 유성은 그런 혜성이나 소행성들의 파편이 지구 대기권에 떨어지면서 그 안에서 밝게 타며 남기는 모습이고요. 따라서 만약 혜성을 보며 소원을 빌어도 여러분의 소원은 접수되지 않을 것입니다. 우리의 소원을 들어줄 수 있는 것은 별똥별, 바로 유성뿐이고 매정한 혜성은 우리의 소원에 귀 기울여 주지 않습니다. 물론 별똥별이 우리가 중얼거리는 소원을 다 들어줄지도 알 수 없지요. 평균 초속 수십㎞ 이상의 아주 빠른 속도로 지구 대기권을 돌파하며 하얗게 타버리는 별똥별에게 소원을 빈다 해도, 별똥별은 '제 소원…' 정도의 첫마디를 듣는 것이 고작일 것입니다.

일본은 2020년 도쿄 올림픽의 개막식에서 아주 특별한 이벤트를 선보이려 준비하고 있다고 합니다. 소형 인공위성을 미리 궤도에 올려놓고 개막식이 진행되는 시간에 맞추어 하늘에서 작은 부스러기들을 뿌리면서 인공 유성우를 구현하는 것입니다. 지난 러시아 소치 동계 올림픽에서는 무려 국제 우주정거장을 거쳐 봉화를 전달하기도 했는데, 이제 러시아에 이어 일본도 지구촌을 벗어나 우주까지 뻗어 나가는 올림픽을 준비하고 있네요!

혜성아, 어디 가?

혜성들은 태양계가 만들어지던 때부터 지금까지 쭉 그 변두리에 차갑게 얼어붙어 있었습니다. 덕분에 태양계가 처음 만들어지던 당시의 많은 물질을 고스란히 냉각해 보관하고 있지요. 태양계의 얼음 화석이라고 볼 수 있습니다. 혜성에 직접 찾아가서 샘플을 채취할 수 있다면, 그곳에 얼어 있는 태양계 초기 물질을 캐낼 수 있을지도 모릅니다. 그러나 아쉽게도 혜성들은 너무나 멀리 있습니다.

혜성들의 궤도를 계산하여 추정한 오르트 구름의 규모는 실로 거대합니다. 태양계 행성들을 그릴 때 보통 한눈에 보이도록 한 화면에 배치해 행성들을 서로 가깝게 그리다 보니, 태양계는 비교적 작은 스케일의 우주라고 착각하는 경우가 많습니다. 그러나 태양의 중력이 영향을 끼치는 태양계의 실제 범위는 굉장히 넓습니다. 부채꼴 모양의 야구장을 태양계 전체 범위라고 생각해 봅시다. 야구장 홈플레이트에 태양이 있다고 생각하고 관중석 끝을 오르트 구름의 경계라고 한다면, 우리에게 익숙한 '수금지화목토천해' 태양계 행성들이 놓이는 범위는 어디까지일까요? 1루수? 외야수? 놀랍게도 홈플레이트 위에 올려놓은 작은 성냥개비 하나 안에 행성들이 모두 들어옵니다!

이처럼 혜성과 지구의 거리는 너무 멀기에 아무리 태양계의 초기 물질이 궁금해도 직접 갈 수 없습니다. 그 대신 혜성이 태양계 안쪽으로 찾아오는 기회를 노릴 수는 있지요.

처음으로 혜성의 뒤꽁무니를 좇는 시도는 1986년에 이루어졌습니다. 1978년 미국항공우주국과 유럽우주기구ESA, European Space Agency는 국제 혜성 탐사선ICE, International Cometary Explorer을 발사했습니다. 이 탐사선의 초기 목적은 태양풍과 지구 자기장 사이의 상호작용을 연구하는 것이었습니다. 이후로도 탐사선의 임무는 종료되지 않고 더 연장되어 마침 근처를 지나가던 두 혜성의 주변을 지나가는 임무를 맡게 되었습니다. 인류의 탐사선이 혜성의 긴 꼬리 속을 지나가며 그 속의 성분을 직접 확인하려 한 최초의 시도였습니다.

1985년에는 자코비니-치너 혜성Giacobini-Zinner Comet의 핵을 약 8,000㎞ 거리까지 접근했습니다. 뒤이어 핼리 혜성의 핵을 향해 약 2,800㎞ 거리까지 다가갔고요. 이 기록은 당시까지 인류가 혜성 핵에 접근한 가장 가까운 거리였습니다. 소독차의 뒤를 따라갔던 어린 시절 저와 친구들처럼, 혜성 탐사선은 잠시나마 혜성이 내뿜는 하얀 가스 꼬리 속을 헤엄쳤습니다.

당시 우주 경쟁의 라이벌이었던 소련도 혜성 탐사 경쟁에 가담했습니다. 소련은 1984년 베가 1호Vega 1와 베가 2호Vega 2를 우주로 보냈습니다. 두 탐사선은 핼리 혜성의 핵으로부터 약 9,000㎞ 거리까지 접근할 수 있었습니다. 1년 후 일본도 아시아에서 처음으로 혜성 탐사 대열에 올랐습니다. 일본 우주항공연구개발기구JAXA, Japan Aerospace Exploration Agency는 우선 사키가케Sakigake 탐사선을 발사했습니다. 이 탐사선의 이름은 일본어로 '선구자'라는 뜻입니다. 이 탐사선은 핼리 혜성의 핵에 700만㎞까지 접근했습니다. 그리고 이후 자코비니-치너 혜성에도 접근할 계획이었지만 아쉽게도 연료가 부족해져 이후 탐사는 진행하지 못했습니다. 일본은 뒤이어 스이세이Suisei 탐사선을 우주로 보냈고, 다시 한번 핼리 혜성의 핵에 15만km까지 다가갔습니다.

유럽우주기구는 1985년에 한 번 더 조토Giotto라는 이름의 탐사선을 발사했습니다. 조토Giotto di Bondone, 1267~1337는 혜성이 담긴 유명한 프레스코 벽화「동방박사의 경배」를 그린 화가의 이름입니다. 천문학자들은 그 화가의 이름을 따서 새 혜성 탐사선의 이름을 지었습니다. 조토 탐사선은 핼리 혜성의 핵과 600km 거리까지 가까이 접근했고, 핼리 혜성 핵의 본모습을 꽤 선명하게 촬영했습니다. 탐사선의 임무 기간은 1992년까지로 연장되었고, 다시 탐사선의 궤도 근처를 지나가는 또 다른 혜성, 그리그-스켈러럽 혜성Grigg-Skjellerup Comet의 핵을 약 200km 거리를 두고 지나갔습니다. 아쉽게도 첫 번째 미션을 수행하는 동안 카메라가 고장 나 버리는 바람에 두 번째로 지나갔던 혜성의 모습은 촬영하지 못했습니다.

혜성에 대한 천문학자들의 궁금증은 쉬지 않고 이어졌습니다. 1990년대 미국항공우주국의 천문학자들은 탐사선 두 대를 추가로 혜성에 보냈습니다. 딥 스페이스 1호Deep Space 1 탐사선의 주 목적은 원래 소행성을 탐사하는 것이었지만, 이후 미션이 더 연장되어 혜성도 추가로 탐사하게 되었습니다. 이후 탐사선은 2001년 닭다리 모양을 하고 있는 보렐리 혜성Borrelly Comet의 핵에 2,000km 거리까지 접근하는 기록을 세웠습니다.

이후 '별 먼지'라는 이름의 스타더스트Stardust 탐사선은 혜성의 뒤를 쫓아가며 혜성이 남기는 먼지 가루를 쓸어 모으는 획기적인 탐사를 진행하게 되었습니다. 스타더스트 탐사선은 2004년에 와일드 혜성Wild Comet의 핵에 200㎞ 거리까지 접근했고, 2011년에는 템펠 혜성Tempel Comet의 핵에 200㎞ 거리를 두고 접근하며 혜성이 뒤로 남기는 가스 꼬리의 먼지를 쓸어 담았습니다. 채집한 혜성의 부스러기를 모아서 지구로 돌아오는 대단한 임무였지요. 2006년 1월 혜성을 뒤쫓으며 채집한 성분을 품은 캡슐이 낙하산을 타고 유타 사막에 무사히 착륙했고, 천문학자들은 그 속에 담긴 성분을 분석했습니다. 놀랍게도 혜성의 꼬리에서 흩날리는 '별 먼지' 안에서 지구 생명체를 구성하는 아미노산과 같은 중요한 유기 물질들이 발견되었습니다. 천문학자들은 이 발견을 바탕으로, 어쩌면 태양계 구석에서 날아온 혜성에 지구 생명체가 탄생할 수 있었던 중요한 비밀이 숨어 있을지 모른다는 생각을 하게 되었습니다.

2005년 미국항공우주국에서 발사한 딥 임팩트Deep Impact 탐사선은 굉장히 독특하고 새로운 시도를 했습니다. 다시 템펠 혜성을 향해 떠났던 딥 임팩트 탐사선은 약 400㎏에 달하는 무거운 추를 싣고 혜성 핵에 접근했습니다. 그리고 초속 10㎞의 속도로 혜성 표면에 무게 추를 내던졌습니다. 혜성의 표면과 무게 추가 충돌하면서 주변으로 파편이 튕겨져 날아갔고, 그 결과 혜성에 인공 크레이터가 생기기도 했습니다. 인류가 혜성에 생채기를 낸 셈이죠. 그 장면도 선명하게 촬영했습니다. 무게 추가 표면과 충돌하는 순간, 혜성의 표면

딥 임팩트 탐사선이 혜성 표면에 무게 추를 추락시킨 뒤 표면에서 퍼져 나온 파편의 모습. 파편 잔해 속에 포함된 혜성 성분을 분석하는 임무는 성공적으로 수행되었다.

바로 아래 얼어 있던 물과 이산화탄소 등 다양한 성분이 검출되었습니다.

혜성에 남긴 로봇의 발자국

이후 유럽우주기구의 천문학자들은 인류 최초로 혜성 표면 위에 탐사선을 착륙시키려는 대담한 시도를 하게 되었습니다. 즉 혜성 핵에 가장 가까이 접근했던 기록을 단숨에 0㎞로 만들겠다는 도전이었지요. 2004년 지구를 떠났던 로제타Rosetta 탐사선은 무려 10년 동안 날아갔습니다. 전력을 아끼기 위해 오랫동안 겨울잠에 들어간 채 우주 공간을 떠다녔던 탐사선은 목적지 추류모프-게라시멘코 혜성Churyumov-Gerasimenko Comet에 가까워지자 다시 전원을 켰습니다. 10년간 무사고로 우주를 유영했던 탐사선에게 공교롭게도 착륙 당일 문제가 발생했습니다. 2014년 천문학자들은 로제타 탐사선에 부착되어 있던 김치 냉장고 크기의 필레Philea 착륙선의 닻 장치에 이상이 있다는 것을 알게 되었지요. 혜성은 덩치가 작아 중력도 약하고 표면도 울퉁불퉁하기 때문에 다른 행성 표면 위를 굴러다니는 로봇처럼 바퀴를 달고 움직일 수 없습니다. 자칫하면 언덕에 튕겨서 멀리 우주 바깥으로 날아가 버릴 수도 있기 때문입니다.

그래서 혜성 착륙선은 이동을 포기하고 안정성을 얻는 디자인으로 고안되었습니다. 약한 혜성의 중력에도 무사히 표면에 고정된 채로 탐사를 할 수 있도록 착륙선 바닥에는 뾰족한 닻이 세 개 장착되어 있지요. 이 닻은 착륙선이 혜성 표면에 떨어지는 순간 바닥에 구멍을 뚫고, 착륙선을 혜성 표면에 찰싹 고정하는 역할을 할 예정이었습니다. 그런데 그중 하나가 작동을 하지 않았습니다. 천문학자들은 도박을 해야 했습니다.

혜성 표면으로 툭 떨어진 필레는 혜성 표면에 무사히 닿았지만 이는 안정된 착륙이 아닌 불시착에 가까웠습니다. 역시 걱정했던 일이 벌어졌습니다. 단번에 따개비처럼 달라붙지 못한 필레 착륙선은 마치 농구공이 튀듯 세 번 표면 위를 굴러다녔고, 결국 높은 언덕 아래 그림자 진 구석에 처박혀 버렸습니다. 이 탐사선은 전면이 태양 에너지 판으로 덮여 있습니다. 탐사를 위한 에너지를 모으기 위해서는 주기적으로 햇빛을 받아 에너지를 충전해야 하지요. 그런데 하필이면 탐사선이 처박힌 곳이 그늘진 곳이었고, 탐사선은 착륙 후 며칠이 채 지나지 않아 곧바로 방전되어 신호가 끊기는 안타까운 일이 벌어졌습니다. 그나마 다행스럽게도 착륙 직후까지 갖고 있던 전력으로 주변 지형의 사진을 찍는 등 일부 탐사를 짧게 진행할 수 있었습니다. 천문학자들은 교신이 끊기기 전까지 착륙선이 보내온 데이터를 바탕으로 혜성의 성분을 분석하기도 했습니다. 어둡고 까칠까칠한 혜성 표면의 모습은 인상적입니다. 드디어 인류는 행성뿐 아니라 태양계를 빠르게 질주하는 폭주족 혜성의 표면 위에도 안착할 수 있는 시대를 살게 되었습니다.

혜성이 기억하고 있는 지구의 생일

혜성은 지구가 탄생하는 과정에서 굉장히 중요한 역할을 한 천체로 거론되고 있습니다. 지구를 비롯한 태양 주변 행성들은 중심에 뜨거운 별, 즉 태양이 만들어지고 남은 부스러기들이 모여 반죽되었다고 여겨지지요. 이때 크고 작은 암석 소천체가 서로 부딪히는, 강력한 '돌' 잔치가 있었습니다. 그 순간 발생했던 뜨거운 열은 어린 지구의 표면을 녹였죠. 그래서 지구와 같은 암석 행성들은 어린 시절에 표면이 뜨겁게 녹아 들끓는 마그마의 바다 시기를 겪죠. 마치 불지옥과 같은 모습이었습니다. 게다가 지구는 태양에서 세 번째로 떨어진, 비교적 태양에서 멀지 않은 행성입니다. 그래서 뜨거운 태양이 갓 태어난 직후 지구가 그 주변에서 반죽되던 당시에는 물이 충분치 않았지요. 설사 물이 조금 있었다고 해도 마그마의 바다 시기를 겪으면서 대부분 우주 공간으로 증발해 버렸을 것이고요.

현재 지구의 수량은 굉장히 풍부합니다. 표면의 약 70%가 바다로 뒤덮여 있을 정도이지요. 지구를 생명의 보고로 만들어 주는 것은 바로 이 충분한 물입니다. 그렇다면 지구가 처음 만들어지던 당시 부족했던 물은 대체 어디에서 온 것일까요? 누가 와서 몰래 뿌려 주기라도 한 것일까요?

천문학자들은 물이 없던 어린 시절의 메마르고 뜨거운 지구에 실제로 누군가 찾아와서 물을 뿌려 주는 봉사 활동을 했을 것이라고 추측합니다. 물을 뿌려 준 주인공은 바로 혜성입니다. 태양계의 탄생 초기에는 태양계 내부의 교통정리가 잘 되어 있지 않아, 크고 작은 소행성과 혜성들이 복잡하게 얽히고 서로 부딪혔습니다. 갓 태어난 메마른 지구 역시 지금보다 훨씬 더 많은 혜성들의 폭격을 맞았으리라고 추측할 수 있지요. 반복해서 혜성들이 얼음을 싣고 와 지구와 부딪히면서, 물과 다양한 유기 분자들이 고스란히 지구로 전달될 수 있었습니다.

가끔 지구에서 우주로 발사되는 우주선의 외벽에는 많은 지구 미생물들이 달라붙어 있기도 합니다. 우주선 외벽에서 작업을 하는 우주인들은 아주 흥미로운 모습을 발견하고는 합니다. 우주선 외벽에 달라붙어 있던 지구 출신 미생물들이 공기도 없고, 중력도 느껴지지 않고, 온도도 아주 낮은 극한의 우주 환경에서 수개월 이상 생존하는 것입니다! 이러한 발견은 어쩌면 일부 미생물들이 오래전 이미 우주 환경을 경험했고, 그래서 우주 환경에서도 생존할 수 있도록 이미 진화한 것일지도 모른다는 흥미로운 상상을 가능하게 합니다.

많은 천문학자들은 지구를 만든 물과 유기 물질의 기원, 지구에 생명을 싹틔운 진짜 주인공을 찾기 위해 혜성 탐사에 열을 올리고 있습니다. 실제로 로제타 미션을 통해 천문학자들은 혜성에 얼어붙어 있는 물뿐 아니라 생명을 구성하는 다양한 고분자들을 발견했습니다. 어쩌면 지구에 생명이 존재할 수 있게 된 것은 오래전 지구에 추락했던 혜성 덕분인지 모릅니다. 혜성은 단순히 태양계 외곽에 흩어진 얼음 덩어리가 아니라, 어쩌면 우리를 있게 해 준 미생물 조상님들이 얼어붙어 있는 현장인지도 모릅니다.

이를 역으로 보면 지구에서 떨어져 나간 지구의 조각이 다른 행성, 또는 더 오랜 시간이 지나 다른 별 주변을 맴도는 외계 행성까지 날아갈 수 있다면 그것이 새로운 생태계를 꽃피우는 첫 단추가 될 수도 있다고도 생각해 볼 수 있습니다. 거대한 화산이 폭발하거나 큰 운석이 떨어지면서 지구에서 튀어 나간 파편이 우주 공간을 떠다니고 있습니다. 그런 작은 지구의 조각들이 날아가 먼 행성에 떨어질 수 있다면, 지금 여러분의 몸속에 있는 성분이 머나먼 외계 어딘가에 생태계를 싹틔우는 역할을 하게 될지도 모릅니다.

이처럼 행성과 혜성의 파편이 그곳 나름의 생명체들의 우주선 역할을 하며 우주 공간의 이곳저곳으로 전파된다는 가설을 '범종설'이라고 합니다. 마치 민들레 씨앗이 바람을 타고 멀리까지 퍼져 나가며 계속 꽃을 피우는 것처럼, 생명이 살고 있는 행성의 조각이 다른 곳으로 날아가 전달되면 다시 그곳에 다음 세대의 생명이 싹틀 수 있을지도 모릅니다. 어쩌면 우리도 그런 '범종'의 결과물일 수 있고요.

다른 별 주변에도 혜성이 있을까?

지금까지 인류가 탐사하고 관측할 수 있었던 혜성은 전부 태양계 안을 맴도는 우리 주변의 혜성뿐이었습니다. 그러나 이제는 태양계 내부가 아닌 다른 별 주변을 맴도는 외계의 혜성들까지 관측할 수 있게 되었습니다.

지난 20여 년간 천문학자들은 다양한 방법으로 외계의 별 주변을 맴도는 행성을 3,000여 개 가까이 발견해 오고 있습니다. 이는 굉장

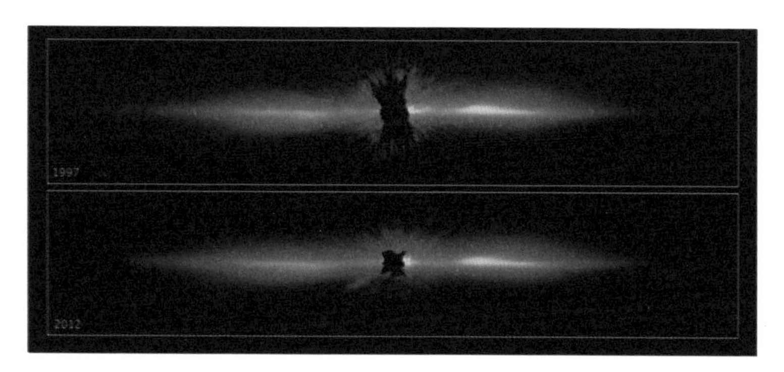

허블 우주 망원경으로 포착한 화가자리 베타 별 주변의 두꺼운 혜성 먼지 원반의 모습. 별 주변을 맴도는 먼지 원반이 15년에 걸쳐 형태가 조금 변화한 것을 분명하게 확인할 수 있다.

한 성과입니다. 불과 수십 년 전까지만 해도 태양계 밖에서 행성을 찾으려는 생각조차 하지 못했지만 인류는 그 짧은 시간 동안 연구 데이터를 축적하여 많은 수의 외계 행성들을 발견해 내고 있습니다.

여기에 최근 천문학자들은 행성보다 훨씬 더 작은 얼음 조각, 외계 혜성Exocomet의 흔적을 발견하기 시작했습니다. 천문학자들이 발견한 외계 혜성은 갓 태어난 아기 별 주변을 향해 접근하면서 긴 가스 꼬리를 그리는 거대한 얼음 조각 구름의 모습을 하고 있습니다. 학자들은 최근 63광년 거리의 화가자리 베타 별Beta Picotris 일대를 관측하며, 그 주변에서 외계 혜성 구름 덩어리를 발견했습니다. 이 별은 약 2,000만 살 정도 된, 태양보다 훨씬 어린 별입니다. 태양의 나이가 50억 살인 것을 감안하면, 우주의 별들 세계에서 화가자리 베타별은 아주 어린 아기 별이라고 할 수 있습니다. 이렇게 갓 태어난 아기 별들은 자신이 반죽되었던 가스 구름에 에워싸여 있죠.

이 별을 연구하기 위해서 천문학자들은 2003년부터 2011년까지 유럽 남방 천문대ESO, European Southern Observatory의 3.6m 망원경을 사용해 1,000번이 넘는 관측을 진행했고, 그 자료를 분석하여 별 주변을 맴도는 493여 개의 외계 혜성의 흔적을 발견했습니다.

천문학자들은 화가자리 베타 별 주변을 맴도는 혜성을 크게 두 무리로 구분합니다. 하나는 별에서 멀리 떨어져 맴도는 무리입니다. 다른 하나는 오래된 혜성 무리로, 먼지와 얼음 성분이 상대적으로 적은 혜성들입니다. 이들은 중심 별에 더 가깝게 궤도를 그린다는 특징도 갖고 있습니다. 이는 중심 별 가까이에서 궤도를 그리면서 외계 행성의 중력의 영향을 받았다는 것을 의미하지요. 갓 태어난 지구에 쏟아진 혜성들이 물과 유기 물질을 전해 주었듯이, 바로 이 '별 가까이서 맴도는 혜성'들이 행성에 새로운 생태계를 싹틔우는 활동을 하고 있을지도 모릅니다.

혜성에 의해 생태계가 싹트는 일은 지구가 태어나던 50억 년 전 태양계뿐 아니라, 별이 존재하고 그 주변에 혜성과 행성이 맴돌고 있는 곳이라면 우주 어디든 한창 진행되고 있는 흔한 일일 것입니다.

이제는 거의 소진된 태양계 끝자락의 얼음 조각들은 아주 가끔씩 찾아오며 황홀한 우주 쇼를 자아냅니다. 우리는 모두 혜성의 후예들입니다. 우주에 존재하고 있을 모든 존재는 수십억 년 전 태어난 수많은 별을 멀리서 바라봤던, 차갑게 얼어붙은 얼음 조각의 후손인 것입니다. 그리고 그 추억의 일부는 아직도 혜성 파편에 고스란히 남아 얼어붙은 채 우리를 만날 날을 기다리고 있습니다.

1문 1답 정리 노트

Q. 옛날에는 혜성이 공포의 대상이었다고요?

천문학이 발달하지 못했던 시절, 혜성은 대기 현상이라고 여겨졌습니다. 그래서 사람들은 불현듯 나타났다가 사라지는 혜성을 불길한 징조라고 보았지요. 1910년 핼리 혜성이 다가왔을 때에는 혜성 꼬리 부분에서 독극물의 일종인 시안 성분이 관측되어 엉뚱한 루머로 번지기도 했습니다. 사람들은 혜성의 꼬리가 남긴 거대한 독성 가스 속을 지구가 통과하면 지구상의 생물들이 모두 멸종할 것이라며 두려움에 떨었지요.

Q. 혜성은 어디서 오는 걸까요?

혜성은 태양계 변두리에 머물던 얼음 조각이랍니다! 그 얼음 조각이 가끔 태양의 중력에 의해 태양계 안쪽으로 끌려들어올 때가 있습니다. 각 혜성의 주기가 달라지는 것은 혜성들이 여행을 시작하는 고향 지역이 각각 다르기 때문이에요!

Q. 혜성의 꼬리 길이는 얼마나 되나요?

혜성은 매력적인 꼬리를 가지고 있지요. 이 혜성의 꼬리 길이는 평균 약 1억㎞ 수준이랍니다. 지구에서 태양까지의 거리가 1억 5,000만㎞라는 걸 생각하면 엄청난 길이지요!

Q. 혜성 때문에 지구에 물이 생겼다고요?

태양계 탄생 초기에는 내부가 혼잡해서 크고 작은 소행성과 혜성들이 서로 얽히고 부딪혔습니다. 그 과정에서 갓 태어난 메마른 지구 역시 지금보다 훨씬 더 많은 혜성들과 충돌했을 거예요! 반복해서 혜성들이 얼음을 싣고 와 지구와 부딪히면서, 물과 다양한 유기 분자들이 전달될 수 있었을 거라고 천문학자들은 추측하고 있습니다.

08

우주의 끝은 어디일까?

#은하지도 #우주팽창 #어디까지 #오늘밤이소중해

#우주의흑역사 #우주배경복사 #빅뱅직후

무한한 우주에서 내 위치는?

어떤 곳에 처음 놀러 가면, 정류장에 서 있는 거대한 지도 판을 보면서 길을 찾지요. 그때 가장 처음 찾는 것은 가야 할 목적지의 위치가 아니라 지금 이 지도를 보고 있는 내가 지도에서 어느 위치에 있는지를 파악하는 일, 즉 '현 위치'가 표시된 화살표를 찾는 일입니다. 아무리 지도가 정확해도 지금 내가 어디에 있는지 알 수 없다면 소용이 없죠. 끝이 보이지 않는, 무한하게 느껴지는 우주에서도 마찬가지입니다.

우주를 올바로 알고, 우주의 스케일을 제대로 느끼기 위해서는 이 넓은 우주 시공간의 어느 구석에 우리가 덩그러니 '쳐박혀' 있는지 알아야 합니다. 요즘은 드론에 카메라를 달고 위에서 항공 촬영을 하면 주변 동네 정도는 한 앵글에 담을 수 있습니다. 지구 전체에서 지금 내가 어디에 있는지는 지구 주변을 맴돌면서 실시간으로 위치 정보를 알려주는 지피에스GPS, Global Positioning System 인공위성 덕분에 확인할 수 있고요.

하늘 높이 지구 바깥까지 기다란 셀카 봉을 펼칠 수 있다면 지금 내 주변에 어떤 지형과 건물들이 펼쳐져 있고, 나는 지금 어느 장소에 서 있는지 꽤 정확하게 알 수 있을 것입니다. 항공 촬영을 하는 드론도, 지구 궤도 위에서 땅을 내려다보며 촬영하는 인공위성도 아주 멀리서 셀카를 찍는 거라고 볼 수 있죠. 하지만 우주는 끝이 없습니다. 우주급 셀카를 찍기 위해 아무리 탐사선을 무한히 멀리 보낸다고 해도 한 화면에 우주 전체를 담을 수는 없지요.

숲 안에 갇혀서는 그 숲 전체의 모습을 조감할 수 없습니다. 우리 인류는 사방에 별들이 박혀 있는 우주 숲에 갇힌 것과 같죠. 지구가 위치한 우리은하라는 은하 하나조차 한 프레임 안에 담을 수 없습니다. 사실 우리는 우리은하가 어떻게 생겼는지도 알지 못합니다. 책이나 다큐멘터리에서 흔히 보는 우리은하의 이미지들은 모두 직접 찍은 것이 아닌, 관측을 기반으로 재현한 상상도에 불과합니다. 앞으로도 인류는 거의 확실히 우리은하의 전경을 실제 사진으로 볼 일이 없을 것입니다.

그렇다면 우리가 살고 있는 거대한 별들의 숲, 우리은하의 모습은 어떻게 그린 것일까요? 책과 다큐멘터리에 나오는 우리은하의 모습은 새빨간 거짓말일까요? 우리은하의 지도는 어떻게 그리고, 그 지도에서 우리 지구가 어디쯤 자리하고 있는지 어떻게 찾을 수 있을까요? 하늘로 올라가 우리은하 숲 전체를 내려다볼 수는 없지만, 눈앞에 보이는 숲속 나무들의 거리를 하나하나 확인해서 숲의 입체적인 지도를 상상해 볼 수는 있습니다. 천문학자들은 우리은하 사방에 분포하는 각 별들까지의 거리를 측정해 우리은하의 입체적인 지도를 그려 나갔습니다.

지구에 올라탄 채 느끼는 우주의 원근감

지구의 하늘에 떠 있는 별들은 모두 마치 둥근 지구 하늘의 스크린에 작게 콕콕 찍혀 있는 점처럼 보입니다. 별들은 밝게 빛나는 점들로 보이고, 어떤 점이 더 멀고 가까운지 느끼기는 어렵습니다. 별들이 다 너무 멀리 떨어진 탓에 원근감조차 제대로 느끼기 어려운 것이지요.

우리가 주변의 건물이나 물체를 보고 원근감을 느낄 수 있는 이유는 콧등 위 미간을 사이에 두고 떨어져 있는 두 눈을 함께 이용해서 세상을 바라보기 때문입니다. 어느 정도 눈앞에 떨어져 있는 물체를 바라보면, 우리의 뇌는 '왼쪽 눈—오른쪽 눈—물체'를 연결하는 삼각형을 상상해 그 물체를 바라보는 두 눈의 시야 각도를 계산합니다. 그 각도로 원근감을 느낄 수 있는 것이지요. 경험적으로 가까이 있는 물체는 더 크고 빠르게 움직이는 것처럼 보이고, 반대로 멀리 있는 것은 작고 느리게 움직이는 것처럼 보인다는 사실을 우리는 잘 알고 있습니다.

차를 타고 도로를 달리면서 차창 밖을 내다볼 때의 기억을 떠올려 볼까요? 차도 가장자리에 있는 가로수들은 우리 시야를 굉장히 빠르게 씽씽 지나가는 것처럼 보입니다. 그러나 훨씬 멀리 떨어진 산이나 하늘의 구름은 아주 느리게 흘러가는 것처럼 보이죠. 날아가는 비행기는 실제 속도에 비해 훨씬 천천히 움직이는 것처럼 보이고요. 만약 우리 눈앞에 파리 한 마리가 날아다닌다면 우리에게는 코앞의

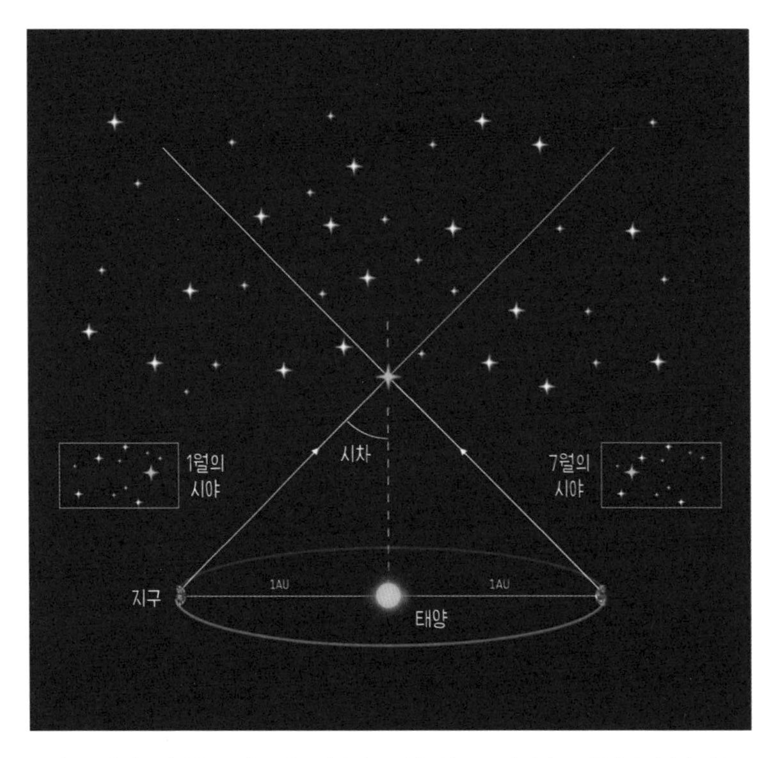

지구는 공전 궤도 반지름, 즉 지구-태양 거리인 1AU(약 1억 5,000만km)만큼 태양에서 떨어진 채 돌고 있다. 따라서 어디서 바라보느냐에 따라 시야에 들어오는 별들의 배치가 조금씩 바뀌게 된다. 그림에서 1월에 본 별의 위치와 7월에 본 별의 위치를 비교해 보면 차이가 난다는 걸 알 수 있다. 멀리 떨어진 별들을 배경으로 비교적 가까운 별들이 보이는 위치가 조금씩 바뀌는 현상을 '연주 시차'라고 한다.

파리가 멀리 떨어진 비행기보다 더 빠르게 움직이는 것으로 보일 것입니다. 실제 속도는 비행기가 파리보다 어마어마하게 더 빠른데도요!

얼굴 가까이 손가락을 하나 세워 보세요. 그리고 오른쪽 눈과 왼쪽 눈을 번갈아 가면서 하나씩 감고 그 손가락을 바라보세요. 양쪽 눈을 번갈아 뜰 때 한쪽 눈으로 바라보는 손가락의 위치가 뒤의 배경을 기준으로 조금씩 왔다 갔다 하는 것처럼 보일 것입니다. 양쪽 눈은 미간을 사이에 두고 떨어져 있기에 손가락을 오른쪽 눈과 왼쪽 눈으로 바라볼 때의 각도가 다르기 때문입니다.

태양 주변을 돌면서 위치를 바꾸는 지구에서 우주의 별을 볼 때에도 마찬가지입니다. 아주 멀리 떨어진 별들은 지구가 공전하면서 우주를 바라보는 시야의 방향이 바뀌어도 너무 멀기 때문에 그 시야 각도의 변화가 거의 느껴지지 않습니다. 그러나 비교적 가까운 별들은 지구의 위치에 따라 보이는 각도가 바뀝니다. 이렇게 1년간의 지구 움직임에 따라 지구의 하늘에서 보이는 별들의 위치가 변화하는 것을 '연주 시차'라고 합니다.

고대 그리스의 천문학자 히파르코스Hipparchus, B.C. 146?~B.C. 127?는 최초로 별의 연주 시차를 확인한 인물로 전해집니다. 그는 지구의 하늘에서 1년 내내 동일한 별들의 위치 변화를 기록했다고 하지요. 그러나 당시 그의 주장은 진지하게 받아들여지지 않았고, 그 기록의 확실성에 대해서도 논란이 있었습니다.

이후 관측 기술이 발달하고 더 작고 미세한 변화까지 파악할 수 있게 되면서 비로소 공식적으로 연주 시차가 관측되기 시작했습니다. 히파르코스 이후 한참이 지난 뒤 독일의 천문학자 베셀Friedrich Wihelm Bessel, 1784~1846은 백조자리에 위치한 백조자리 61번 별의 연주 시차를 측정했습니다. 별의 움직임을 연구하는 측성학을 통해 지구가 태양 주변을 공전할 때 발생하는 일종의 착시 현상을 실제로 검증한 것입니다. 이는 지구가 태양 주변을 공전한다는 명백한 증거가 되기도 합니다.

2,000년 만에 부활한 관측 '덕후'

현대에 이르러서도 별까지의 거리를 재는 가장 정확한 방법은 연주 시차를 이용하는 것입니다. 복잡한 물리 수식이나 수학적 가정을 통해 추정하는 것이 아니라, 실제로 하늘에서 별을 바라볼 때 나타나는 시야의 각도 변화를 가지고 측정하는 것이기 때문이지요. 문제는 연주 시차로 거리를 파악할 수 있는 우주의 범위가 너무 좁다는 것입니다. 많은 별들의 연주 시차가 미세해서 비교적 가까운 별들에게만 적용할 수 있지요.

최근 천문학자들은 지상 망원경보다 더 미세한 각도까지 정확하게 관측할 수 있는 우주 망원경을 지구 바깥에 띄워 올렸습니다. 이 우주 망원경은 1989년 유럽에서 개발한 것으로, 고대의 관측 덕후의 이름을 본따서 히파르코스Hipparcos라고 명명했지요. 2,000년 만에 세계 제일의 관측 덕후가 인간에서 우주 망원경으로 부활한 것입니다. 이 위성은 미션이 끝났던 1993년까지 지구 주변을 긴 타원 궤도로 돌면서 지구와 함께 태양 주변을 맴돌았습니다. 그리고 태양 주변의 연주 시차를 계속 관측했지요. 지구 대기권 바깥에 있어 구름과 날씨의 귀찮은 방해도 받지 않았으므로 이전에 관측 가능했던 것보다 훨씬 더 멀리서 더 미세하게 움직이는 별들까지의 거리까지 알 수 있었습니다. 그 결과 250만 개 이상 별의 입체 지도, 태양 주변 공간의 우주 대동여지도를 처음으로 그릴 수 있었지요. 하지만 이 마저도 우리은하의 전체 크기에 비하면 아주 일부에 불과합니다. 우리은하 저택의 겨우 작은 방 하나 정도의 지도를 그리기 시작한 수준인 것이지요.

그렇다면 훨씬 더 멀리 떨어진 별까지의 지도를 그리기 위해서는 어떻게 해야 할까요? 미간이 좁을수록 양쪽 눈으로 세상을 볼 때 느끼는 시야의 각도 차이가 적습니다. 반대로 미간이 넓으면 양쪽 눈으로 바라보는 시야의 각도 차이가 크기 때문에, 더 멀리 떨어진 곳까지 원근감을 잘 느낄 수 있지요. 과학적으로, 두 눈이 더 많이 벌어진 사람일수록 조금이나마 더 넓은 세상을 볼 수 있다고 이야기할 수 있습니다. 눈이 크고 작고는 중요하지 않습니다(눈의 크기는 눈에 들어오는 빛의 양, 즉 세상이 더 밝고 어둡게 보이는지에만 영향을 줍니다).

우주 망원경도 우주를 바라보는 두 지점의 거리가 멀수록, 각 지점에서 우주를 바라보는 시야의 각도 차이가 더 커집니다. 그래서 이 아이디어에서 출발해 천문학자들은 2003년 히파르코스의 뒤를 이을 새로운 연주 시차 관측 망원경을 우주에 발사했습니다. 그리스 신화에 등장하는 대지의 여신 이름을 딴 가이아Gaia 탐사선은 지구보다 약간 더 큰 타원을 그리면서 태양 주변을 함께 맴돕니다. 지구

2014년 7월부터 2015년 9월까지 가이아가 궤도에 올라간 이후 첫 1년 동안 관측한 연주 시차 데이터를 바탕으로 그린 우리은하 내 별들의 지도다. 별들이 상대적으로 많은 부분은 더 밝게 표현되어 있다.

표면에서보다 시야 각도 차이를 조금 더 확보할 수 있게 된 것입니다. 덕분에 기존의 지상 망원경이나 히파르코스 위성보다 더 미세한 연주 시차까지 감지할 수 있게 되었습니다. 더 멀리 떨어진 별까지 거리를 정밀하게 잴 수 있었지요. 가이아의 깊고 예민한 원근감 덕분에 거의 우리은하 가장자리 정도로 멀리 떨어진 별까지의 거리를 잴 수 있게 되었습니다. 그 결과 수십억 개가 넘는 별들을 포함하는 방대한 우주 입체 지도를 추가로 그릴 수 있었지요.

우주 지도를 그리는 첫 단추

똑같은 세기로 음악이 나오는 스피커도 멀리서 들으면 음악 소리가 더 작고 희미하게 들립니다. 소리가 사방으로 퍼져 나가면서 세기가 줄어들기 때문입니다. 별이 내보내는 별빛도 마찬가지입니다. 사방으로 흩어지면서 별빛은 계속 희미해지고, 더 멀리 떨어진 별일수록 더 어둡게 보입니다.

우리가 지구 하늘에서 보는 모든 별빛의 밝기는 실제 그 별의 밝기가 아닙니다. 별이 정말로 크고 밝아서 밝게 보이는 것도 아니고, 그 별이 정말로 작고 어두운 별이라서 어둡게 보이는 것도 아닙니다. 단지 거리가 가까워서 실제로는 어두운 별이 더 밝게 보일 수도 있고, 너무 멀어서 원래는 아주 밝은 별인데 더 어둡게 보일 수도 있습니다. 따라서 별까지의 거리를 아는 것은 단순히 우주의 지도를 그린다는 것 이상의 의미를 가지고 있습니다. 그 별의 '진짜 모습'을 알아낼 수 있는 가장 기본적인 단계인 것이지요. 하지만 거리를 재는 것은 지금까지도 천문학자들을 계속 골치 아프게 만드는 가장 어려운 문제입니다.

별까지의 거리를 알기 위해서는 그 별이 얼마나 밝은지, 그 '진짜 밝기'를 알면 됩니다. 진짜 밝기와 지구 하늘에서 보이는 겉보기 밝기를 비교하면 그 별이 얼마나 멀리 떨어져 있는지 알 수 있지요. 그런데 그 별의 진짜 밝기를 알아내려면 그 별이 얼마나 멀리 떨어져 있는지를 알아야 합니다. 거리를 알아야 눈에 보이는 겉보기 밝기를 보정해서 진짜 밝기를 계산할 수 있기 때문입니다. 앗? 거리를 알아내려면 진짜 밝기를 알아야 하는데, 또 진짜 밝기를 알기 위해서는 거리를 알아야 한다니! 돌고 도는 쳇바퀴 같은 함정에 빠진 느낌입니다.

그래서 천문학자들은 별의 절대 밝기로 직접 거리를 계산하기 이전에, 우선 다른 다양한 방법으로 별까지의 거리를 재 왔습니다. 가장 기본적인 것은 방금 이야기했던 연주 시차를 활용하는 방법입니다. 이 방식으로 조금씩 더 멀리 떨어진 별까지 지도를 넓혀 가지요. 거리가 멀어질수록 측정한 거리의 오차 효과는 조금씩 약해집니다. 즉 아주 가까운 별들은 더 정확하게 거리를 재야 하지만, 멀리 떨어진 별은 좀 더 어림짐작해도 너그럽게 봐줄 수 있다는 뜻입니다. 거리를 거의 정확하게 알고 있는 가까운 건물들을 기준으로 먼 건물들까지의 거리를 어림하는 것과 비슷합니다. 멀리 떨어진 건물까지의 거리를 ㎝ 단위로 정확하게 이야기할 수는 없지만, 상대적으로 가까이에 있는 다른 건물에 비해 몇 배 정도 더 멀리 떨어져 있다고는 이야기할 수 있지요.

천문학자들 사이에서 더 멀리까지 더 정확하게 우주의 거리를 잴 수 있는 방법을 연구하는 것은 지금도 뜨거운 주제이지요. 비교적 가까운 별까지 정확하게 잴 수 있는 방법과 조금 더 멀리까지 잴 수 있는 조금은 부정확한 방법이 있는데, 두 방법으로 모두 거리를 잴 수 있는 천체까지의 거리를 잰 뒤 계속 다음 단계의 방법을 이용해 결과를 보정하고 보완하면서 더 먼 우주까지 정확성을 높여 가며

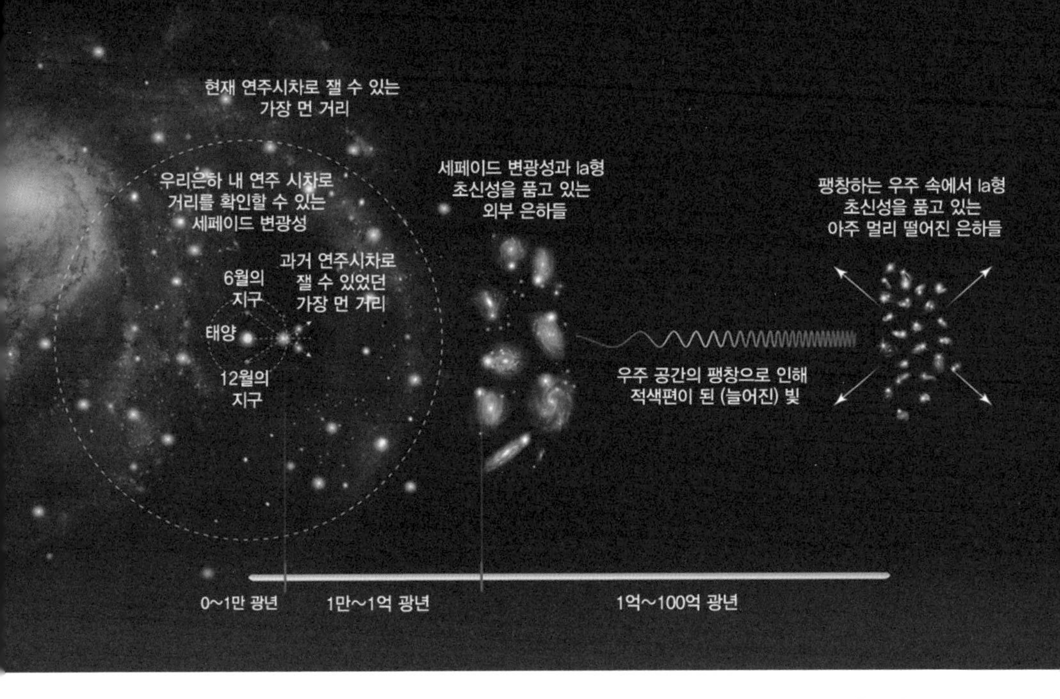

상대적으로 가까운 별들부터 아주 멀리 떨어진 다른 외부 은하들까지의 거리를 잴 수 있는 방법을 나타낸 그림. 가까운 별들은 연주 시차를 활용할 수 있지만 더 멀리 떨어진 천체까지의 거리를 알기 위해서는 더 특별한 방법을 써야 한다.

지도를 그려 나가고 있습니다.

가까운 우주에서 먼 우주까지 우리가 어림짐작할 수 있는 우주의 범위가 넓어지는 이 과정을 '우주 사다리'라고 합니다. 마치 사다리로 한 단계씩 올라가는 것처럼, 가까운 우주에서 더 먼 우주까지 계속 단계를 올려 가면서 거리를 재는 것이지요. 그렇다면 우주 사다리의 가장 첫 계단인 연주 시차 이후의 단계로는 어떤 것들이 있을까요?

점점 멀어지나 봐

우리는 살면서 경험한 여러 물리 현상들에 대한 이해 덕분에 모든 물리 현상을 처음부터 끝까지 관찰하고 있지 않아도, 중간중간의 스냅숏 몇 장만 보고도 그 물리 현상의 대략적인 운동 상태를 추측할 수 있습니다. 즉 물리학적 눈을 가진 것이지요. 예를 들어 멀리서 굴러오는 공을 보고 있다고 상상해 볼까요? 그 공이 처음부터 끝까지 어느 방향에서 어떤 속력으로 굴러가는지 쭉 지켜보지 않고, 몇 개의 지점에서 촬영한 스냅숏만 가지고도 우리는 그 공이 전반적으로 어떤 방향과 속력으로 굴러가며 어떤 형태의 궤적을 만들어 가고 있는지 유추할 수 있습니다. 스냅숏에 담긴 공의 모습을 통해 다음에 공이 어디쯤에 놓이게 될지, 그리고 이전에는 공이 어디쯤에서 굴러오기 시작했는지까지 어림짐작으로 추측해 볼 수 있지요.

우주가 진화해 오는 모든 순간의 모습을 관측해서 애니메이션처럼 쭉 이어붙여 재생할 수 있다면 좋겠지만, 천문학자들이 관측할 수 있는 은하들은 제한적일 수밖에 없습니다. 결국 우리가 보게 되는 우주의 과거 '타임라인'은 여기저기 빈틈으로 가득한, 그저 스냅숏 몇 장으로 메꿔진 것에 불과합니다. 하지만 천문학자들은 관측을 통해 얻은 수십억 광년 거리의 은하 자료 몇 장, 수억 광년 거리의 은하 자료 몇 장을 가지고 천체물리학적인 눈으로 우주의 과거와 앞날을 상상할 수 있습니다.

20세기 초 미국의 천문학자 에드윈 허블Edwin Hubble, 1889~1953과 그의 동료 휴메이슨Milton Lasell Humason, 1891~1972은 우리은하 주변에 분포하는 다른 은하들을 관측했습니다. 그 은하들이 우리로부터 얼마나 멀리 떨어져 있는지, 그리고 우리를 기준으로 어떻게 움직이고 있는지를 관측했지요. 앞서 설명한 것처럼 은하들은 우주 시공간에 콕 박혀서 고정된 외딴 섬이 아니라 각자 고유의 속도로 별과 가스를 한가득 품은 채 우주 시공간을 항해하는 유람선입니다. 따라서 우리은하 주변의 외부 은하들이 어떻게 움직이는지를 관측하면 우주에 분포하는 유람선들이 어떻게 움직이는지, 즉 이 유람선들을 품고 있는 우주라는 망망대해가 어떻게 진화하고 있는지를 유추할 수 있습니다. 그렇다면 우리로부터 아주 먼 거리에서 항해하고 있는 은하 유람선들의 우주 항해 속도는 어떻게 계산할 수 있을까요?

전철역 승강장에 서 있으면, 가끔 정차하지 않고 지나가는 기차가 철컥철컥 달려가는 소리와 경적 소리를 듣게 되지요. 이때 기차가 승강장을 향해 다가오는 중에는 소리가 서서히 커지면서 귀가 아픈 하이 피치high pitch로 들리지만 기차가 서서히 승강장을 지나쳐 떠나가는 중에는 소리가 늘어지면서 로우 피치low pitch로 들리는 것을 경험할 수 있습니다. 바로 소리를 내는 음원인 기차가 승강장에 서 있는 당신을 기준으로 다가왔다가 다시 멀어지면서 운동하고 있기 때문에 벌어지는 '도플러 현상'입니다. 은하에서 우리 지구를 향해 날아오는 빛 역시 파장의 형태이기 때문에 이와 비슷한 '도플러 현상'을 겪게 됩니다. 만약 은하와 우리 지구가 한자리에 붙박이로 고정되어 있다면 은하가 내보낸 원래의 빛을 그대로 관측하게 될 것입니다. 하지만 빛을 내는 광원인 은하가 우리를 향해 접근한다면 하이 피치로 들려온 기차 소리처럼 은하의 빛 역시 더 짧은 파장으로 짓눌리면서 파장이 짧은 푸른빛 쪽으로 치우치게 됩니다. 반대로 은하가 우리로부터 멀어지는 쪽으로 도망가면 로우 피치로 늘어지는 기차 소리처럼 은하의 빛 역시 더 긴 파장으로 늘어지면서 파장이 긴 붉은빛 쪽으로 변화하게 됩니다.

에드윈 허블과 휴메이슨은 우리은하 주변 은하들의 거리를 측정하고, 각각의 은하 유람선들이 내보내는 빛들이 붉은색과 푸른색 중 어느 쪽으로 치우쳐 가는지를 관측했습니다. 그들은 우리은하 주변의 외부 은하 유람선들의 등불이 붉은빛 쪽으로 치우쳐 있는 것을 확인했습니다. 우리 주변의 외부 은하들은 대부분 우리로부터 멀어지는 중이라는 것을 시사하는 관측 결과였지요.

특히 흥미로운 것은 멀리 떨어진 외부 은하일수록 우리로부터 멀어지는 속도가 더 빠르다는 것이었습니다. 우리은하를 과거의 외부 은하들이 정박하고 있던 나루터라고 한다면, 점점 시간이 지나면서 그 은하들이 우리 곁을 떠나 더 먼 우주로 도망가고 있는 것이지요. 게다가 점점 멀어지면서 가속이 붙는 함선처럼 멀리 떨어진 은하일수록 우리로부터 멀어지는 속도가 더 빨랐습니다.

미국에서 구전되는 일화에 따르면, 신호등의 빨간불을 무시하고 달리던 한 운전자가 교통경찰에게 붙잡혔다고 합니다. 그는 어디서 주워들은 적 있는 '도플러 효과'라는 기똥찬 변명거리를 용케 생각해 냈습니다. 그는 경찰에게 자신이 너무 빨리 달리느라 도플러 현

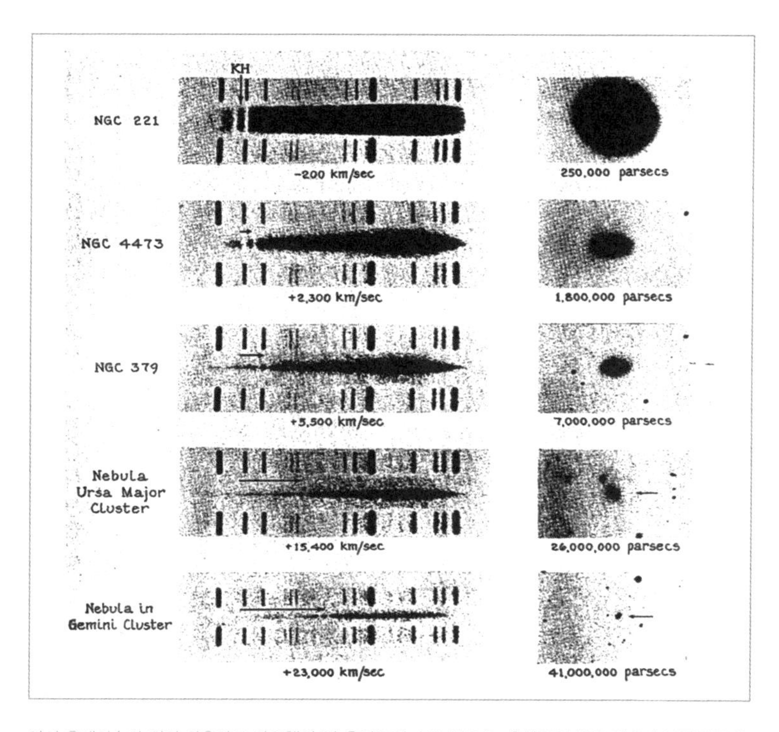

당시 휴메이슨이 직접 관측하고 발표했던 먼 은하들의 속도 분포표. 은하들의 빛을 관측해 분광하면 은하의 빛의 스펙트럼이 얼마나 붉은 쪽으로 파장이 치우쳐 있는지 확인할 수 있다. 은하들까지의 거리는 약 3.26광년에 해당하는 파섹(Parsec) 단위로 표현되어 있다. 멀리 떨어진 은하일수록 더 빠른 속도로 후퇴하며 더 붉은 쪽으로 스펙트럼이 치우친 것을 확인할 수 있다.

상을 경험한 탓에 빨간불인 것을 모르고 주행했다는 거짓말을 했다고 합니다. 결국 그는 재판에 넘겨졌고, 판사는 그가 빨간불을 초록불로 착각하기 위해서는 얼마나 빨리 달려야 하는지 물리학자에게 조언을 구했습니다. 그리고 거의 빛의 속도에 가까운 그 속도만큼 과속 과태료를 청구했다고 합니다. 이것이 실제 있었던 일인지는 모르지만 우리에게 도플러 효과를 아주 쉽게 느끼게 하는 이야기이기는 하지요?

도망가는 우주의 끝을 좇아

더 멀리 떨어진 외부 은하일수록 더 빠르게 멀어진다는 관측을 통해 천문학자들은 은하들이 콕콕 박힌 채 덩치를 부풀려 가는 우주 시공간을 상상할 수 있었습니다. 나아가 지금보다 작았던 아주 오래전의 우주, 모여 있던 모든 물질과 에너지가 크게 폭발한 빅뱅을 추억할 수 있지요. 이제 천문학자들은 반대로 우주의 미래를 궁금해하기 시작했습니다. 빅뱅 이후 지금까지 줄곧 팽창해 왔던 우주는 앞으로 어떻게 변화할까요?

초창기 천문학자들은 우주 팽창은 시간이 지나면서 느려지고 더뎌지지 않을까 생각했습니다. 눈에 보이는 수많은 은하뿐 아니라 눈으로 볼 수 없는 암흑 물질까지 고려하면, 이 우주는 그 안의 온갖 물질들이 서로를 끌어당기는 강한 중력으로 가득해야 할 것입니다. 따라서 빅뱅 직후 그 여파로 팽창하기 시작했던 시공간은 어느 정도 시간이 지나면 다시 서로를 끌어당기는 우주 내부의 중력에 의해 팽창 속도가 서서히 누그러질 거라고, 심지어는 언젠가 중력이 팽창하는 힘을 압도하면서 다시 우주가 작게 수축할 거라고 상상할 수 있습니다. 우주에 가득한 일반 물질과 암흑 물질들이 서로를 잡아당기는 중력이 우주 팽창을 점점 더디게 만드는 '끈적한 브레이크' 역할을 하리라는 예측이었지요. 천문학자들은 우주가 얼마나 빠르게 팽창하는지, 그 팽창하는 비율을 정밀하게 계산했습니다. 특히 우주 끝자락의 팽창 속도가 어떻게 변화하는지 확인하기 위해 아주 멀리 떨어진 은하들을 관측했습니다.

천문학자들은 이 우주 끝자락에서 빠르게 멀어지는 어둡고 흐릿한 은하의 흔적을 뒤쫓기 위해 아주 밝은 초신성을 신호탄으로 사용했습니다. 초신성은 아주 무거운 별이 삶의 마지막 단계에서 반복된 핵융합으로 누적된 불안정한 상태를 버티지 못하고 크게 폭발하면서 산산이 부서지는 것을 의미한다고 앞에서 이야기했지요? 무거운 별 하나가 폭발하면 그 최대 밝기는 별 수천억 개가 모여 있는 은하 하나에 버금갈 정도랍니다. 그래서 아주 멀리 떨어진 은하에서 초신성이 폭발하면 그 초신성이 위치한 은하까지 거리와 운동 성분을 계산할 수 있습니다.

이때 천문학자들이 사냥했던 초신성은 Ia형 초신성으로, 가장 밝게 빛날 때 최대 밝기가 모두 비슷하다고 알려져 있습니다. 그 최대 밝기가 비슷한 이유가 있습니다. 무거운 별과 가벼운 별이 짝을 이루고 있는 쌍성의 경우 두 별의 질량이 다르기 때문에 진화 속도가 달라집니다. 질량이 큰 별은 아주 뜨겁고 빠르게 핵융합 재료를 소진하고 먼저 폭발하면서 외부 가스 껍질을 날려 버립니다. 결국 이 별은 중심의 뜨겁고 작은 핵이 응축된 백색왜성이 되고 서서히 그 에너지를 잃어 갑니다. 그런데 이때 그동안 천천히 진화하며 크게 부풀어 오른 파트너 별이 먼저 진화해 버린 백색왜성에게 회춘의 기회를 줄 수 있습니다. 파트너 별의 표면으로부터 물질이 조금씩 흘러가 백색왜성 위에 쌓이게 되지요. 파트너의 도움으로 다시 신선한 재료를 공급받은 뜨거운 백색왜성은 서서히 무거워지게 됩니다. 이때 백색왜성이 안정적으로 버틸 수 있는 질량의 최댓값이 물리적으로 계산되는데, 파트너로부터 물질을 지나치게 많이 받아 그 한계치보다 무거워지게 되면 결국 초신성으로 폭발하는 것으로 알려져 있습니다. 이런 종류의 초신성들은 폭발 직전 백색왜성이 얻게 되는, 즉 모아 놓는 질량이 거의 비슷하기 때문에 가장 크게 폭발할 때의 최대 밝기도 다들 비슷하리라고 가정하고 있지요.

오늘 밤이 소중한 진짜 이유는

이런 초신성의 특징을 이용해 천문학자들은 거의 우주 끝자락에서 멀어지고 있는 은하까지의 거리 그리고 그들이 멀어지는 속도를 계산했습니다. 이제는 비교적 가까이에서 멀어지는 은하들의 후퇴 속도를 측정할 수 있을 뿐 아니라, 우주 끝에서 멀어지는 은하들의 속도를 비교할 수도 있습니다. 즉 우리 주변의 가까운 우주가 팽창하는 비율과 더 먼 우주를 포함한 우주의 팽창율을 비교할 수 있는 것입니다. 그런데 관측 결과는 모든 천문학자들을 '멘붕'에 빠뜨렸습니다. 우주의 팽창은 시간이 지날수록 더 느려지거나 혹은 일정

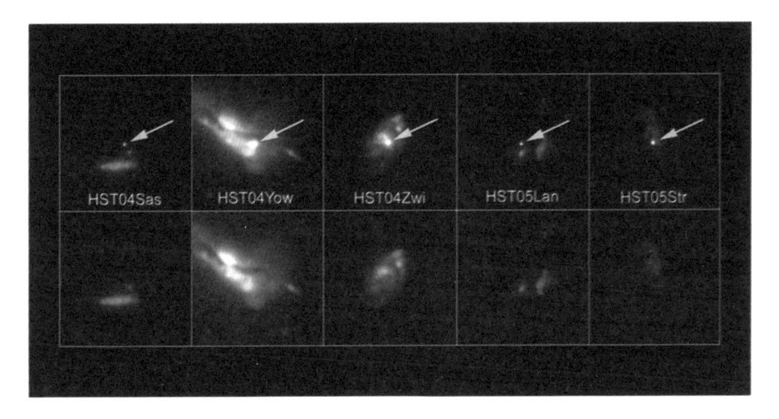

천문학자들이 관측한 아주 멀리 떨어진 은하에서 폭발한 초신성의 모습. 사진의 첫 번째 줄은 초신성이 폭발한 직후 밝은 천체가 새롭게 나타난 모습이고, 두 번째 줄은 초신성이 폭발하지 않았던 평소의 모습이다.

하게 유지되지 않고 갈수록 더 빨라지고 있었기 때문입니다. 게다가 하필이면 우주의 팽창은 최근에서야 가속되기 시작한 것으로 보입니다. 즉 우리 우주는 갈수록 점점 더 빨라지는 가속 팽창을 하고 있으며, 마침 우리가 살고 있는 이 시기에 가속 팽창을 시작한 것입니다.

이런 관측 결과를 천문학자들은 직관적으로 이해할 수 없었습니다. 지구 위에서 공을 위로 던진다고 생각해 봅시다. 처음에 속도를 갖고 위로 올라가던 공은 당연히 어느 정도 시간이 지나면 지구의 중력에 의해 서서히 느려지다가 아래로 떨어집니다. 그런데 만약 위로 툭 던진 공이 다시 땅으로 떨어지기는커녕 오히려 점점 빠르게 하늘로 치솟아 날아간다면 얼마나 당황스러울까요? 그런 상황에서 그나마 우리가 합리적으로 도출할 수 있는 결론은 가지고 놀던 공

안에 숨은 엔진이 있다고 생각하는 것뿐이겠지요.

하염없이 멀어지는 공을 보며 그 안에 누가 몰래 가속 엔진을 넣어 두었으리라고 추측하는 것처럼 계속 더 빠르게 멀어지는 은하들을 보며 천문학자들도 이에 대한 합리적인 설명을 내놓아야 했습니다. 그래서 천문학자들은 이 우주 전역에 은하와 은하 사이를 더 빠르게 멀어지게 하고 우주 시공간을 가속 팽창시키는 의문의 에너지가 숨어 있을 거라고 추측했지요. 그들은 이 정체를 알 수 없는 에너지에 '암흑 에너지'라는 그럴듯한 이름을 붙였습니다.

천문학적으로 따졌을 때 우리가 매순간 보는 밤하늘은 앞으로 우리가 볼 수 있는 '가장 밝은 우주'입니다. 여러분이 이 문장을 읽고 있는 바로 이 순간에도 은하들은 우리의 밤하늘로부터 도망가고 있습니다. 우리 인류가 멀어지는 어떤 외부 은하를 지금 망원경으로 관측하고 있다면 그 모습은 바로 이 순간 이후로는 볼 수 없는 그 은하의 가장 가깝고 밝은 모습인 것입니다.

우리는 매일 밤 우주를 봅니다. 내일이면 더 어두워질 우주의 가장 가깝고 밝은 모습을 눈으로 좇는 것이지요.

굳게 닫힌 우주의 철벽

우리는 모두 남들에게 쉽게 이야기하기 어려운 깊은 비밀 이야기를 몇 가지씩 간직하고 있습니다. 몇 년을 알고 지낸 친한 친구에게도 속 시원하게 털어 놓기 어려운 이런 비밀 이야기는 아무도 보지 못하는 일기장이나 소셜 미디어의 '나만 보기' 기능으로 꽁꽁 숨겨 놓곤 하지요. 또는 그 어디에도 흔적조차 남기지 않은 채 오로지 나의 마음과 머릿속에서만 보관하고 있는 이야기도 있습니다. 우연히 주변 사람들과 이야기를 하다가 상대방이 조금씩 나의 비밀 이야기 보관함 언저리까지 다가오면 우리는 온갖 애매모호한 형용사와 표현을 섞어 가며 그 주변에 연막을 치기 시작합니다. 그동안 꽤 친하게 지내 왔다고 생각했던 친구가 갑자기 말문을 닫고 자꾸 대화의 주제를 다른 곳으로 돌리려고 하는 낌새를 느끼면, 혹시 내가 실수로 민감한 부분을 잘못 건드린 것은 아닌지, 또는 아직은 저 철벽 안의 더 깊은 이야기를 꺼내 놓지 못할 만큼 내가 미덥지 않은 것인지 하는 여러 복잡한 생각이 듭니다.

지난 수세기 동안 밤하늘을 올려다봤지만, 우주가 숨겨 둔 비밀 이야기를 미처 다 알아내지 못했습니다. 우주는 많은 부분을 아직 공개하지 않고 있지요. 어쩌면 우주의 이 단단한 철벽 너머에 숨어 있는 우주의 흑역사, 비밀 이야기는 영영 들을 수 없을지도 모릅니다.

앞서 이야기한 것처럼 현대 천문학에서 우주를 관측한다는 것은 단순히 멀리 있는 어두운 천체의 모습을 밝고 자세하게 들여다본다는 행위 이상의 의미를 갖습니다. 더 멀리 있는 천체일수록 그 천체에서부터 우리 지구까지 빛이 날아오는 동안의 시간 지연이 있기 때문에, 그만큼 우리는 빛이 날아온 시간만큼의 과거를 거슬러 보는 것입니다. 이 사실을 이용하면 우리는 단순히 더 먼 천체를 바라보는 것만으로도 아주 먼 과거에서 현대까지 우주가 어떤 식으로 변화했는지 되짚어 볼 수 있지요. 이렇게 마치 망원경을 시간을 거슬러 올라가는 타임머신처럼 사용해 우주의 과거를 살펴보는 것을 '시간 되짚어 보기 효과', 룩 백 타임Look Back Time 효과라고 부릅니다.

특히 현대 천문학에서 사용되는 거대한 구경의 지상 망원경과 지구 대기권 바깥에서 궤도를 돌고 있는 우주 망원경들의 협력 덕분에, 우주의 끝자락에서 희미하게 빛나고 있는 고대 은하의 흔적까지 추적할 수 있게 되었습니다. 그런데 우리가 아무리 망원경을 밤하늘에 들이밀며 과거로 파고들어 간다고 해도, 아무리 먼 우주 끝자락을 바라본다고 해도 절대 넘어설 수 없는 거대한 철벽이 존재합니다. 바로 '관측 가능한 우주의 벽'입니다. 이게 무슨 의미인지 알아보도록 하죠.

우주에 '빛' 자체가 존재하지 않았던 시기가 있었을까요? 현대 천문학에서 이야기하는 우주의 진화론에 따르면 우주는 약 130억 년 전 한데 모여 있던 우주 초기의 모든 물질과 에너지가 초고온의 불안정한 상태를 견디지 못하고 빅뱅이라는 큰 시공간의 울림과 함께 지금까지의 우주로 팽창했다고 여겨지고 있습니다. 빅뱅이 일어난 직후 우주는 모든 물질과 에너지가 한데 모여 엉겨 있는, 마치 수프 같은 초고온의 입자 반죽 덩어리 상태였을 거예요. 이렇게 작은 시공간 안에 꽉꽉 들어 찬 초고온의 입자들은 러시아워 시간대의 '지옥철'과는 비교도 할 수 없을 만큼 아주 빽빽하고 답답한 상태였습

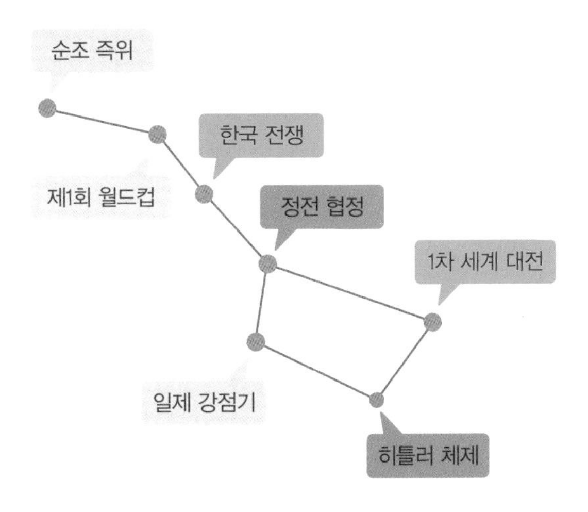

북두칠성을 보더라도 그 별자리를 이루는 일곱 개의 별들은 각기 다른 위치에 있기 때문에 우리는 각각 다른 시대에서 날아온 별빛을 함께 보게 된다. 즉 우리는 밤하늘에서 여러 과거가 중첩된 모습을 보는 것이다.

니다. 빛조차 새어 나갈 틈새가 없을 정도로요. 말 그대로 우주 자체가 아주 '불투명'했다는 것이지요.

대부분의 별빛들이 우리 밤하늘에서 아름답게 빛나며 관측될 수 있는 이유는 그 별빛이 우리 지구로 날아오는 동안 우주 공간에서 별다른 방해를 받지 않기 때문입니다. 하늘에 구름이 조금만 끼어도 그 너머 별빛이 집어삼켜져 버리는 것처럼, 우주에서 날아오는 별빛도 고스란히 우리에게 관측되기 위해서는 중간에 별빛을 차단하는 방해꾼이 없어야 합니다. 은하수의 가운데 부분은 우주 공간을 부유하는 큰 먼지 알갱이와 분자 구름으로 가득해 그 뒤에서 날아오는 별빛을 가립니다. 맑은 여름 밤하늘의 은하수가 마치 가운데가 시커멓게 가려진 두 갈래의 강줄기처럼 보이는 것은 그 때문입니다.

더불어 빛은 에너지를 품고 있는 일종의 작은 입자로 생각할 수 있습니다. 우주 공간에 떠 있는 뜨겁게 달아오른 가스 구름들에서 알록달록한 색감을 감상할 수 있는 것은 그 달궈진 가스 구름 속에서 높은 에너지 상태로 들떠 있는 원자들이 에너지를 잃고 다시 안정적인 상태로 가라앉으며 손실되는 에너지를 다양한 파장의 빛으로 방출하기 때문입니다. 그런데 이때 가스 구름의 밀도가 너무 높아서 갓 방출된 빛줄기가 얼마 날아가지 못하고 다른 원자에 부딪히면, 그 빛은 다시 원자를 높은 에너지로 들뜨게 만드는 데 쓰이고 스며들어 버립니다. 즉 원자들이 너무 빽빽하게 가득 차 있으면 운좋게 새어 나온 빛줄기가 미처 가스 구름 바깥으로 빠져나오기 전에 다시 다른 원자에게 사로잡히게 되지요. 결국 그 빛줄기는 가스 구름 속을 맴돌 뿐 관측하기 어려운 것입니다.

이런 현상은 매일 아침 밝게 떠오르는 태양에서도 확인할 수 있습니다. 태양은 우리가 발을 딛고 서 있는 지구와 달리 딱딱한 표면이 없는 가스 덩어리 별이지만, 우리는 태양 중심을 꿰뚫어 볼 수 없습니다. 태양의 중심으로 갈수록 강한 중력 때문에 입자들이 빽빽하게 모여 있어, 그 안에서 새어 나오는 빛을 관측할 수 없기 때문입니다. 우리가 눈으로 보는 눈부신 햇살은 빽빽한 원자들의 방해로부터 벗어나 자유를 만끽하기 시작하는, 태양 표면으로부터 날아오는 빛입니다. 태양 중심에서 방출된 빛 에너지는 빽빽한 태양의 중심에서 계속 다른 원자들에게 잡아먹혔다가 다시 도망치기를 반복하면서 한참을 맴돌아서야 표면 바깥으로 겨우 날아갈 수 있습니다.

빅뱅 직후 우리 우주의 상태 역시 태양의 중심처럼 빽빽하고 뜨겁게 짓이겨져 있는 입자들의 무리였다고 볼 수 있습니다. 어쩌다 새어 나온 빛줄기 하나조차 우주 공간을 시원하게 가로질러 날아갈 수 없었지요. 빅뱅이 일어난 후 38만 년 동안 우주가 적당히 팽창하자 그 시공간 안을 채우고 있던 우주 초기 입자들의 간격도 조금씩 여유로워졌습니다. 눈앞을 완전히 가리고 있던 안개가 걷히면서 조금씩 먼 도시의 빛이 눈에 들어오듯, 우주 초기의 장막이 걷히고 드디어 최초로 빛이 공간을 가로질러 날아가기 시작했습니다.

즉 우리가 볼 수 있는 우주, 이론적으로 관측을 통해 거슬러 볼 수 있는 우주의 본 모습은 빅뱅 직후 38만 년 무렵까지입니다. 그 이전의 모습이 아무리 보고 싶어도 그 당시의 추억을 간직하고 있는 빛줄기가 없으므로 볼 수 없는 것이지요. 결코 캐낼 수 없는 '흑역사'인 것입니다.

우주를 가로지른 '태초의 빛'

빅뱅 직후 처음으로 퍼져 나간 '태초의 빛줄기'는 지금보다 훨씬 작고 뜨거웠던 우주 시공간 이곳저곳으로 가득 번져 가기 시작했습니다. 그리고 130억 년에 가까운 기나긴 시간 동안 우주의 덩치가 커지면서 그 시공간 안에 스며들었던 뜨거운 빅뱅의 여운은 서서히 식어 갔지요. 지금은 차갑게 식어 버린 이 빅뱅의 온기로 천문학자들은 130억 년 전 이 세상을 만들었던 가장 뜨거운 폭발의 순간을 추억합니다.

어릴 적 부모님이 외출을 하실 때면 저는 으레 또래 친구들처럼 바로 컴퓨터로 향했습니다. 먼저 하기로 했던 과제는 미루고 혼자만의 자유를 만끽했죠. 부모님의 귀가가 늦어질수록 경계도 신경도 둔해지고 시간 가는 줄 모르고 게임에 빠져듭니다. 그동안 열심히 작동하는 구식 데스크톱은 열기를 내뿜으며, 이륙이라도 할 기세로 팬을 돌리며 컴퓨터의 열기를 내보냅니다. 뒤늦게 현관 밖에서 부모님의 구두 굽 소리, 문 여는 소리가 들리면 현란한 단축키로 전원을 끄고 순진한 얼굴로 맞이하지요. 지금까지 줄곧 공부하고 있었던 척하는 내 옆으로 부모님이 다가오는 긴장된 순간. 결국 꼬리가 잡힙니다. 아직 다 식지 못한 컴퓨터의 열기가 부모님의 손바닥에 저의 일탈을 살며시 고자질하고 있기 때문입니다. 천문학자들도 우주 전역에 차갑게나마 남아 있는 빅뱅 당시의 열기로 아주 오래전 이 세상이 거대하고 뜨거운 폭발과 함께 만들어졌다는 것을 알 수 있습니다.

2차 세계 대전이 끝나면서 전쟁 당시 교신을 위해 개발되었던 아주 많은 전파 안테나들이 버려졌습니다. 하지만 큰돈을 들여 건설했던 그 많은 안테나들을 모두 방치할 수는 없었지요. 그때 바로 이 폐품들이 천문학자들의 구미를 당겼습니다. 그동안 가시광선으로만 밤하늘의 별과 은하를 관측해 왔는데, 과연 전혀 다른 파장의 전파로 보는 밤하늘은 어떤 세상일까요? 모든 천문학자들의 가슴은 두근거렸습니다. 전쟁이 끝나고 세계 각지에 버려져 있던 거대한 안테나들은 모두 고개를 높이 들어 이제 적진이 아닌, 끝없이 펼쳐진 밤하늘을 향했습니다.

그런데 파장이 긴 전파로 관측한 뒤, 천문학자들은 당황스러운 자료를 얻게 됩니다. 하늘의 어떤 방향을 향해도 비슷한 세기의 아주 미약한 잡음이 신호를 더럽히고 있었던 것입니다. 하늘 전역에서 거의 균일하게 쏟아지는 이 의문의 노이즈를 처음으로 이상하게 여겼던 과학자는 바로 벨 연구소Bell Labs in New Jersey에서 근무하던 펜지아스Arno Allan Penzias, 1933~와 윌슨Robert Woodrow Wilson, 1936~입니다. 그들은 인근의 도시에서 새어 나오는 잡음, 혹은 번개와 같은 기상 현상이 노이즈의 원인이 아닐까 생각했습니다. 하지만 도시를 등져도, 맑은 날이든 흐린 날이든 그 의문의 잡음은 계속 그들의 데이터를 떠나지 않았습니다. 더 골치 아팠던 것은 하늘 전역에서 쏟아지는 그 노이즈가 매우 미미한 에너지를 갖고 있었다는 점입니다.

이후 천문학자들은 그 미세한 노이즈가 실은 130억 년 전 빅뱅 직후 38만 년이 흐르고 나서 처음으로 우주 전역으로 번져 갔던 '태초의 빛'The First Light의 여명이라는 것을 알게 되었습니다. 물리적으로 빅뱅 당시의 열기가 어느 정도까지 식게 될지 계산해 보았더니, 아주 뜨거웠던 우주는 그 크기가 부풀어 오르면서 절대 온도 약 2.7도(켈빈K, kelvin, 섭씨 약 −270도) 수준의 미미한 열기로 가득 찰 것이라는 계산 결과를 얻었습니다. 특히 우리 우주는 외부에서 열이 추가로 들어오거나 밖으로 나가지 않고 '단열'된 상태에서 팽창했다고 가정할 수 있습니다. 놀랍게도 그 예상치는 당시 하늘의 전역에서 관측되었던 노이즈의 에너지에 해당하는 온도와 일치했습니다.

우주의 끝에서 전해지는 미세한 질감

수년간 천문학자들의 손끝에서 사라지지 않으며 미미하게 전해졌던 극저온의 열기는 바로 130억 년 전 이 세상이 한 번 크게 폭발했었다는 것을 증명하는 증거입니다. 우리의 '몰컴'을 적발하는 것보다는 까다로웠지만, 결국 130억 년간 숨겨온 우주 탄생의 긴 꼬리가 밟히게 된 셈이지요.

우주에 배경처럼 깔려 있는 에너지라는 의미에서 하늘 전역에서 쏟아지는 이 미세한 노이즈를 '우주 배경 복사'라고 부릅니다. 우리가 관측을 통해 볼 수 있는 우주의 가장 멀고 앳된 모습이 바로 지금은 차갑게 식어 버린 우주 배경 복사로 뒤덮인 세상입니다.

이후 천문학자들은 우주 배경 복사를 조금 더 세밀하게 살펴보기 위해 여러 차례에 걸쳐 대기권 바깥으로 우주 망원경을 발사했습니다. 지구 대기의 영향, 태양 빛의 영향을 최소화하면서 우주의 가장자리 전역에서 전해지는 미세한 노이즈를 살펴본 것입니다. 코비COBE, Cosmic Background Explorer, 더블유맵WMAP, Wilkinson Microwave Anisotropy Probe

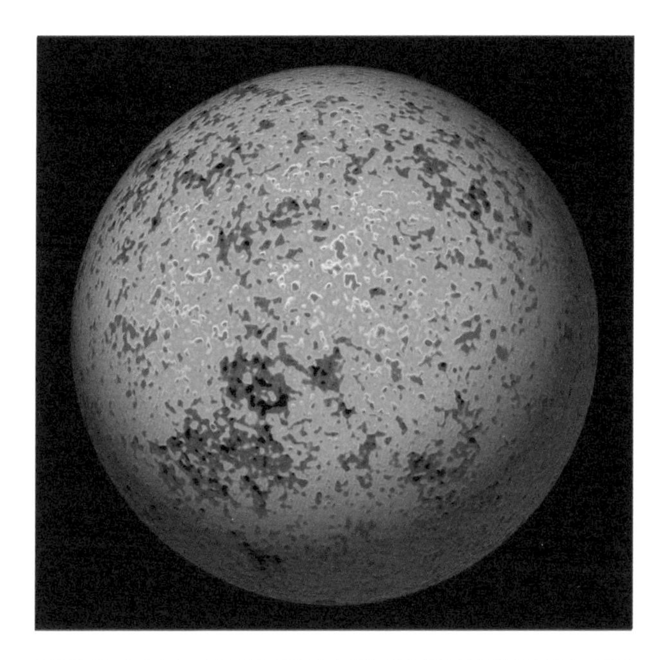

인류가 관측할 수 있는 가장 먼 우주의 경계, 바로 우주 배경 복사의 모습이다. 사방의 우주에서 날아오는 거의 비슷한 아주 낮은 온도의 빛의 흔적을 통해 빅뱅 직후 지금까지 균질하게 식어 온 우주의 역사를 돌아볼 수 있다. 그런데 이 우주 배경 복사를 잘 관측하면 그 균질한 온도 속에서도 미미하게 다른, 즉 아주 조금 더 차갑거나 아주 조금 더 뜨거운 온도 분포를 확인할 수 있다.

그리고 가장 최근인 2013년에 관측 결과를 얻어 낸 플랑크Planck까지, 여러 우주 망원경 덕분에 우주 배경 복사는 점점 그 모습을 자세히 드러냈습니다. 과거에는 그저 절대 온도 2.7도의 아주 낮은 에너지가 우주 전역에 아주 고르게 번져 있다고 생각했습니다. 즉 우주 배경 복사라는 장벽을 아주 매끈한 코팅된 벽처럼 생각한 것이지요. 그런데 망원경의 성능이 좋아지고 더 예민해지면서 천문학자들은 우주 배경 복사라는 장벽이 마냥 매끈하지 않다는 것을 알게 되었습니다. 아주 작은 차이로 일부 지역은 온도가 조금 더 높거나 낮게 관측되었습니다. 멀리서 대충 봤을 때는 매끈한 유리 벽인 줄 알았는데, 직접 그 벽 가까이 다가가 손끝으로 만져 보니 그 전까지는 보이지 않던 까칠한 질감이 느껴진 것이지요. 이 온도차는 거대한 우주 전체 스케일에 비해서는 아주 작은 차이에 불과합니다. 하지만 우주 배경 복사의 장벽에서 느껴지는 이 까칠한 질감은 우주가 진화하며 지금과 같은 모습을 완성하는 데 중요한 씨앗이 되었습니다.

주변에 비해 아주 조금이라도 온도가 낮은 지역은 물질이 비교적 많이 모여 밀도가 높아지게 됩니다. 그에 비해 온도가 높은 지역은 모이는 물질의 밀도가 낮지요. 밀도가 조금이라도 높은 지역은 비교적 강한 중력으로 주변 물질을 더 모으게 됩니다. 물질이 모일수록 그 영역의 세기는 더 커지고 더 많은 물질을 끌어당기게 되지요.

우주 초창기에 존재했던 이 비균질한 밀도의 요동은 아주 작은 스케일이었습니다. 그런데 단시간에 우주가 빠르게 팽창하면서 그 작은 스케일의 까칠까칠한 질감은 초기 우주의 온도와 물질이 분포하는 거대한 골짜기와 산봉우리로 성장했습니다. 영화 「앤트맨」Ant-Man, 2015처럼 거의 입자 하나를 다루는 미시 세계에서 만들어진 굴곡이, 우주 시공간이 팽창하면서 우주 초기 물질을 모으고 반죽하는 거대한 중력의 계곡으로 성장한 것입니다. 작은 물컵 안에 일렁이던 잔물결이 컵과 그 안에 담긴 물의 스케일이 커지면서 풍랑으로 변화한 거라고 상상하면 쉽죠.

지금과 같이 복잡하게 얽혀 있는 우주의 거대하고 아름다운 구조는 모두 빅뱅 직후 만들어졌던 미시 우주의 작은 주름살에서 시작된 것입니다. 현대 천문학을 통해 만져 볼 수 있는 관측 가능한 우주의 끝자락, 그 까칠한 질감의 움푹 패인 작은 웅덩이들은 바로 지금의 우리가 존재할 수 있도록 우주의 물질을 반죽하고 모아 놓은 거대한 중력 냄비가 늘어나기 전의 모습인 셈입니다.

우주 배경 복사라는 마지막 장벽을 넘어

우주 배경 복사라는 '이론적으로 그 이상 관측할 수 없는 장벽'을 마주한 현대 천문학은 통곡의 벽 앞에 선 순례자들의 모습과 닮았습니다.

"볼 수 없다는 것은 한계였다. 하지만 보인다는 것 역시 또 다른 한계였다."

—비페이위, 『마사지사』

과거 관측 기술이 아직 충분히 발달하지 않았을 때, 인류는 우리의 제한적인 우주관과 무지함의 이유를 모자란 관측 기술의 탓으로 돌릴 수 있었습니다. 그러나 갈릴레오가 처음 망원경으로 은하수를 바라본 이래 지난 수세기 동안 더 먼, 더 오랜 과거의 우주를 선명하게 보기 위해 인류는 계속 더 크고 민감한 망원경을 세워 왔습니다.

21세기 현대 천문학은 우주에 빛이 처음으로 내리쬐기 시작했던 순간의 모습까지 엿볼 수 있게 되었지요. 더 좋은 관측 기술로 무장한 천문학자들에게 나타난 것은 공교롭게도 무한히 펼쳐진 미지의 세계가 아니라 거대한 장벽으로 가로막힌 우주의 역사였습니다. 인류는 세상을 전부 볼 수 없었던 한계를 뛰어넘어 세상을 전부 눈에 담을 수 있게 되더라도 결국 우리 세상의 한계를 확인하게 되는 애석한 운명인 것입니다.

그렇다면 우리 인류는 앞으로 그 어떤 연구를 하더라도 우주에 빛이 비추기 전, 빅뱅 직후에서 38만 년까지의 역사는 탐구할 수 없는 것일까요? 마치 우리 모두가 태어난 직후부터 두세 살까지의 기억은 흐릿하게 잊어버리는 것처럼, 우주의 유년기는 영원히 필름이 끊긴 채로 남겨 두어야 하는 것일까요?

최근 천문학자들은 빛조차 새어 나올 수 없었던 빅뱅 직후 우주의 흔적을 찾기 위해 아주 독특한 입자를 사냥하기 시작했습니다. 그들이 오매불망 기다리는 입자는 바로 '뉴트리노'neutrino입니다. 뉴트리노는 전기적으로 극성이 없기 때문에 주변을 둘러싼 다른 입자와 거의 아무런 반응을 하지 않고 모두 통과할 수 있습니다. 지금도 우리 머리 위 하늘에서는 태양, 먼 별과 은하들에서 빛의 속도로 날아온 뉴트리노들이 쉬지 않고 쏟아지고 있지요. 다행히 크기도 아주 작고 다른 입자와 거의 반응하지 않는 뉴트리노의 특성 덕분에 우리는 매순간 따가워할 필요가 없습니다. 지금 이 글을 읽고 있는 순간에도 우주 끝에서 날아온 뉴트리노가 여러분의 손 위에 펼쳐진

이 책의 종이를 뚫고 몸과 발 아래 둥근 지구를 관통해 지구 반대편 우주로 계속 날아가고 있지요.

만약 빅뱅의 순간부터 38만 년 후까지, 우주 초기 빽빽한 입자들의 수프를 통과해 우주를 빠르게 가로질렀던 뉴트리노를 운 좋게 발견할 수 있다면 그동안 베일에 감춰져 있던 우주의 유년기 정보를 얻을 수 있을 것입니다. 어쩌면 그동안 천문학자들의 시야를 가로막고 있던 우주 배경 복사라는 거대한 통곡의 벽은, 그 틈으로 새어 나오는 뉴트리노를 통해 더 먼 과거가 펼쳐지기를 기다리며 대기하는 문이었을지도 모릅니다.

> "너무 오래 지나서 벽이라고 생각하는데 사실 저것도 문이야."
>
> —영화 「설국열차」Snowpiercer, 2013

물론 뉴트리노는 앞서 이야기한 것처럼 다른 물질과 거의 반응하지 않고 흔적도 남기지 않기 때문에 그 입자를 관측하는 것은 아주 까다로운 일입니다. 그래서 천문학자들은 조금이라도 그 입자의 흔적을 발견할 수 있는 기회를 늘리기 위해, 남극을 비롯한 지구 곳곳에 아주 거대한 지하 수조 탱크를 만들어 두고 뉴트리노가 아주 드물게나마 수조 안에서 다른 입자와 부딪히며 흔적을 남기기를 기다리고 있습니다. 아주 예민한 검출기로 사방을 포장한 거대한 수조에 운 좋게 뉴트리노가 걸리기만을 기다리는 것이지요. 이러한 연구를 수행하는 천문학자들은 현대판, 아니 최첨단 강태공이라고 불러도

관측 가능한 우주의 장벽을 넘어 더 오래전 우주의 이야기를 품고 날아올지 모르는 뉴트리노를 관측할 수 있다면, 우리는 우리가 살고 있는 우주 바깥에 또 다른 우주가 있다고 상상하는 다중 우주론을 입증할 수 있을지도 모른다. 과연 우주를 탄생시키는 빅뱅은 유일한 현상인지, 아니면 우리 우주 너머 또 다른 세상에서 계속 이어지고 있는 흔한 현상인지, 뉴트리노 관측이 그 답을 알려줄 것이다.

좋을 것입니다.

이런 끈질긴 노력 덕분에 거대한 수조 안을 지나가다가 우연히 흔적을 남긴 뉴트리노들을 꽤 많이 검출할 수 있었습니다. 그러나 지금까지 검출된 뉴트리노 대부분은 태양에서 쏟아진 것이거나 가끔 주변 별에서 날아온 것일 뿐, 빅뱅의 그 순간 튀어 날아온 것으로 추정되는 뉴트리노는 아직 포획된 적이 없습니다.

빅뱅 순간의 뉴트리노를 기다리는 것은 관측하기 까다로운 입자를 기다리는 것 이상의 의미를 갖습니다. 만약 우리가 빅뱅 직후 날아온 고에너지의 뉴트리노를 발견한다면, 어지간하면 다른 물질을 그냥 관통해 가는 뉴트리노의 특성을 감안했을 때 그것은 곧 그 뉴트리노가 빅뱅 후 지구에서 처음으로 다른 입자와 반응했다는 의미입니다. 빅뱅 순간부터 지난 130억 년간 자기가 날아오는 경로를 가로막고 있던 그 어떤 물질과도 상호작용하지 않고 쭉 관통해 왔을 그 뉴트리노가 하필이면 지구의 검출기에서 일생 처음 흔적을 남기는 것이죠. 빅뱅 이후 역사적인 첫 상호작용의 무대가 우리 지구가 되는 것입니다.

빅뱅 직후의 추억을 간직하고 있는 것으로 의심될 만큼 아주 강한 에너지를 품고 있는 뉴트리노는 아직 발견된 적이 없습니다. 그러나 분명 지금 이 순간에도 다른 흔한 뉴트리노의 무리에 섞여서 우리를 약올리며 지구를 관통하고 있을 것입니다. 언젠가 뉴트리노가 빅뱅 당시의 경험담을 털어놓는 날이 오기를, 현대 천문학의 시야를 가로막고 있는 우주 배경 복사 장벽에 작은 금이 가는 날이 오기를 바랍니다.

1문 1답 정리 노트

Q. 외부 은하들은 우리은하로부터 멀어지고 있나요?

그렇습니다. 천문학자들은 관측을 통해 외부 은하들이 우리은하로부터 멀어지고 있다는 사실을 발견했습니다. 게다가 점점 멀어지면서 가속이 붙는 함선처럼, 멀리 떨어진 은하일수록 우리로부터 멀어지는 속도가 더 빨랐답니다! 우주의 팽창 속도가 빨라지고 있는 것이지요.

Q. 우주에는 그 너머를 볼 수 없는 거대한 벽이 있다는 게 사실인가요?

빅뱅 직후 우리 우주의 입자는 너무 빽빽하고 뜨겁게 짓이겨져 있었습니다. 거기에 갇힌 채 어쩌다 빛줄기가 새어 나왔다고 해도 그 빛이 시원하게 우주 공간을 가로질러 갈 수 없었지요. 빅뱅이 일어난 후 38만 년 동안 우주가 적당히 팽창한 뒤에야 빛줄기가 날아갈 수 있을 만큼 우주 초기 입자들의 간격이 여유로워졌습니다. 즉 이론적으로 우리가 관측을 통해 거슬러 볼 수 있는 우주의 본 모습은 빅뱅 후 38만 년까지입니다.

Q. 세계 대전 때 발명된 안테나 덕분에 '태초의 빛'을 발견했다고요?

2차 세계 대전 때 교신을 위해 개발된 전파 안테나들이 종전 후 버려졌고, 천문학자들은 이를 우주 관측에 이용하기 시작했습니다. 그리고 하늘의 어떤 방향으로 안테나를 돌려도 비슷한 세기의 아주 약한 잡음이 신호를 교란하고 있음을 알게 되었지요. 이후 연구를 통해 이 잡음이 처음으로 우주 전역으로 퍼져 갔던 태초의 빛의 여명이었다는 사실을 밝혀냈습니다.

Q. 빛조차 새어 나올 수 없었던 빅뱅 직후 38만 년까지의 우주는 관측할 수 없는 걸까요?

천문학자들은 빅뱅 직후 우주의 이야기를 추적하기 위해 '뉴트리노'라는 입자를 기다리고 있습니다. 전기적으로 극성이 없어 주변을 둘러싼 다른 입자와 거의 아무런 반응을 하지 않고 통과할 수 있는 입자이지요. 빅뱅 직후의 우주 초기 입자를 운 좋게 발견할 수 있다면 우주의 유년기 정보를 확보할 수 있으리라고 학자들은 기대하고 있습니다.

참고 문헌

1장

Vansevicius, Vladas, Arunas Kucinskas, and Jokubas Sudzius, eds. Census of the Galaxy: Challenges for Photometry and Spectrometry with GAIA: Proceedings of the Workshop Held in Vilnius, Lithuania 2–6 July 2001. Springer Science&Business Media, 2012.

Crézé, Michel, et al. "The distribution of nearby stars in phase space mapped by Hipparcos. I. The potential well and local dynamical mass." Astronomy and Astrophysics 329(1998): 920-936.

Gould, Andrew, and Julio Chanamé. "New Hipparcos-based parallaxes for 424 faint stars." The Astrophysical Journal Supplement Series 150.2(2004): 455.

Hubble, Edwin Powell. "The realm of the nebulae." Vol. 25. Yale University Press, 1936.

Binney, J. "Galaxy morphology and classification."(1999): 125.

Tully, R. Brent, et al. "The Laniakea supercluster of galaxies." Nature 513.7516(2014): 71-73.

Hoffman, Yehuda, et al. "The dipole repeller." Nature Astronomy1(2017).

Tempel, Elmo. "Cosmology: Meet the Laniakea supercluster." Nature 513.7516(2014): 41-42.

Kashlinsky, A., and Bernard JT Jones. "Large-scale structure in the Universe." Nature 349.6312 (1991): 753.

2장

Moritz, Helmut, and Ivan Istvan Mueller. "Earth rotation: theory and observation." New York: Ungar, 1987.

MacDonald, Gordon JF. "Tidal friction." Reviews of Geophysics2.3(1964): 467-541.

Schellnhuber, Hans Joachim. "'Earth system'analysis and the second Copernican revolution." Nature 402(1999): C19-C23.

Hays, James D., John Imbrie, and Nicholas J. Shackleton. "Variations in the Earth's orbit: pacemaker of the ice ages." Science 194.4270(1976): 1121-1132.

Hide, R., et al. "Atmospheric angular momentum fluctuations and changes in the length of the day." Nature 286.5769(1980): 114-117.

Touma, Jihad, and Jack Wisdom. "Evolution of the Earth-Moon system." The Astronomical Journal 108(1994): 1943-1961.

Ackerman, Lotty, Sean M. Carroll, and Mark B. Wise. "Imprints of a primordial preferred direction on the microwave background." Physical Review D 75.8(2007): 083502.

3장

Liou, J-C., and Nicholas L. Johnson. "Risks in space from orbiting debris."(2006): 340-341.

Kessler, Donald J., et al. "The kessler syndrome: implications to future space operations." Advances in the Astronautical Sciences 137.8(2010): 2010.

Kessler, Donald J., and Burton G. Cour-Palais. "Collision frequency of artificial satellites: The creation of a debris belt." Journal of Geophysical Research: Space Physics 83.A6(1978): 2637-2646.

Popova, Olga P., et al. "Chelyabinsk airburst, damage assessment, meteorite recovery, and characterization."

Science342.6162(2013): 1069-1073.

Imburgia, Joseph S. "Space Debris and Its Threat to National Security: A Proposal for a Binding International Agreement to Clean Up the Junk." Vand. J. Transnat'l L. 44(2011): 589.

4장

Haskin, Larry A., et al. "Water alteration of rocks and soils on Mars at the Spirit rover site in Gusev crater." Nature 436.7047(2005): 66-69.

Martín-Torres, F. Javier, et al. "Transient liquid water and water activity at Gale crater on Mars." Nature Geoscience 8.5(2015): 357-361.

Spencer, J. R., et al. "Cassini encounters Enceladus: Background and the discovery of a south polar hot spot." science311.5766(2006): 1401-1405.

Porco, C. C., et al. "Cassini observes the active south pole of Enceladus." science 311.5766(2006): 1393-1401.

Gilliland, Ronald L., and A. K. Dupree. "First image of the surface of a star with the Hubble Space Telescope." The Astrophysical Journal Letters 463.1(1996): L29.

Maccone, Claudio. "The statistical Drake equation." Mathematical SETI. Springer, Berlin, Heidelberg, 2012. 3-72.

Sagan, Carl, and Frank Drake. "The search for extraterrestrial intelligence." Scientific American 232.5(1975): 80-89.

Anglada-Escudé, Guillem, et al. "A terrestrial planet candidate in a temperate orbit around Proxima Centauri." Nature 536.7617(2016): 437-440.

Kasdin, N. J., et al. "Technology demonstration of starshade manufacturing for NASA's exoplanet mission program." Space Telescopes and Instrumentation 2012: Optical, Infrared, and Millimeter Wave. Vol. 8442. International Society for Optics and Photonics, 2012.

5장

Zwart, Simon F. Portegies. "The lost siblings of the Sun." The Astrophysical Journal Letters 696.1(2009): L13.

Ramírez, Ivan, et al. "Elemental abundances of solar sibling candidates." The Astrophysical Journal 787.2(2014): 154.

Doyle, Laurance R., et al. "Kepler-16: a transiting circumbinary planet." Science 333.6049(2011): 1602-1606.

Canup, Robin M., and Erik Asphaug. "Origin of the Moon in a giant impact near the end of the Earth's formation." Nature412.6848(2001): 708-712.

Newsom, Horton E., and Stuart Ross Taylor. "Geochemical implications of the formation of the Moon by a single giant impact." Nature 338.6210(1989): 29-34.

Smith, Bradford A., et al. "Encounter with Saturn: Voyager 1 imaging science results." Science 212.4491(1981): 163-191.

de la Fuente Marcos, Carlos, and Raúl de la Fuente Marcos. "Asteroid(469219) 2016 HO3, the smallest and closest Earth quasi-satellite." Monthly Notices of the Royal Astronomical Society 462.4(2016): 3441-3456.

6장

Hawking, Stephen W. "Black hole explosions." Nature 248.5443(1974): 30-31.

Davis, Marc, et al. "Gravitational radiation from a particle falling radially into a Schwarzschild black hole."

Physical Review Letters 27.21(1971): 1466.
Gallo, Elena, et al. "A dark jet dominates the power output of the stellar black hole Cygnus X-1." Nature 436.7052(2005): 819-821.
Schödel, R., et al. "A star in a 15.2-year orbit around the supermassive black hole at the centre of the Milky Way." Nature419.6908(2002): 694-696.
Lynden-Bell, D., and M. J. Rees. "On quasars, dust and the galactic centre." Monthly Notices of the Royal Astronomical Society 152.4(1971): 461-475.
Skaarup, Gertie. "Mystery of dwarf galaxy could be ejected black hole."(2014).
Bekenstein, Jacob D. "Information in the holographic universe." Scientific american 289.2(2003): 58-65.
Oka, Tomoharu, et al. "Millimetre-wave emission from an intermediate-mass black hole candidate in the Milky Way." Nature Astronomy 1.10(2017): 709.

7장

Knight, Matthew M., and Karl Battams. "Preliminary analysis of SOHO/STEREO observations of sungrazing comet ISON(C/2012 S1) around perihelion." The Astrophysical Journal Letters 782.2(2014): L37.
Altenhoff, W. J., et al. "Why did Comet 17P/Holmes burst out?-Nucleus splitting or delayed sublimation?." Astronomy &Astrophysics 495.3(2009): 975-978.
A'Hearn, Michael F., et al. "Deep impact: excavating comet Tempel 1." science 310.5746(2005): 258-264.
Landgraf, Markus, Michael Müller, and Eberhard Grün. "Prediction of the in-situ dust measurements of the stardust mission to comet 81P⊠Wild 2." Planetary and Space Science47.8(1999): 1029-1050.
Glassmeier, Karl-Heinz, et al. "The Rosetta mission: flying towards the origin of the solar system." Space Science Reviews128.1-4(2007): 1-21.
Ehrenreich, David, et al. "A giant comet-like cloud of hydrogen escaping the warm Neptune-mass exoplanet GJ 436b." Nature522.7557(2015): 459-461.

8장

Riess, Adam G., et al. "Observational evidence from supernovae for an accelerating universe and a cosmological constant." The Astronomical Journal 116.3(1998): 1009.
Nussbaumer, Harry, and Lydia Bieri. "Discovering the expanding universe." Discovering the Expanding Universe, by Harry Nussbaumer, Lydia Bieri, Foreword by Allan Sandage, Cambridge, UK: Cambridge University Press, 2009 1(2009).
Barkana, Rennan, and Abraham Loeb. "In the beginning: the first sources of light and the reionization of the universe." Physics Reports 349.2(2001): 125-238.
de Bernardis, Pea, et al. "A flat Universe from high-resolution maps of the cosmic microwave background radiation." Nature404.6781(2000): 955.
Komatsu, Eiichiro, and David N. Spergel. "Acoustic signatures in the primary microwave background bispectrum." Physical Review D 63.6(2001): 063002.
Glinka, Lukasz Andrzej. "Aethereal Multiverse: A New Unifying Theoretical Approach to Cosmology, Particle Physics, and Quantum Gravity."(2012).

이미지 출처

16쪽 NASA/CNN/Common Wikimedia (http://wtkr.com/2015/06/30/double-star-moment-for-jupiter-and-venus-in-the-night-sky/)

17쪽 NASA/Wang Letian (https://www.scientificamerican.com/article/the-case-of-the-oversized-planet/)

21쪽 NASA/ESA/W. Clarkson(India University and UCLA)/K. Sahu(STScI) (http://spaceuniversey.blogspot.com/2012/12/pictures-from-hubble-telescope_8.html)

24쪽(위) NASA/ESA/Hubble Space Telescope (https://de.wikipedia.org/wiki/NGC_362)

24쪽(아래) NASA/ESA/Hubble Space Telescope (https://commons.wikimedia.org/wiki/File:Wallpaper_of_the_star_cluster_NGC_3766.jpg)

28쪽 NASA/ESA (https://blog.galaxyzoo.org/tag/hubble/page/2/)

31쪽 NASA/Nature/Mark A. Garlick (https://sservi.nasa.gov/articles/laniakea-our-home-supercluster/)

33쪽 Commons Wikimedia (https://kathyrhodes.wordpress.com/)

34~35쪽(위, 아래) NASA/ESA/J. Dalcanton, B. F. Williams, and L. C. Johnson(University of Washington), the PHAT team, and R. Gendler (https://www.nasa.gov/content/goddard/hubble-s-high-definition-panoramic-view-of-the-andromeda-galaxy)

45쪽 A. Duro/ESO/Wikimedia commons (https://www.eso.org/public/images/potw/list/4/)

46쪽(위) Jacques Descloitres/MODIS Rapid Response Team/NASA/GSFC (https://visibleearth.nasa.gov/view.php?id=61493)

46쪽(아래) Jacques Descloitres/MODIS Rapid Response Team/NASA/GSFC (https://commons.wikimedia.org/wiki/File:Catarina_27_mar_2004_1355Z.jpg)

53쪽 Royal Society's Proceedings A, 472 by Stephenson, F.R., Morrison, L.V., and Hohenkerk, C.Y.

58쪽 Newton's Cannon Ball Diagram/Wikimedia commons (https://gb.education.com/science-fair/article/centripetal-force-string-planets-orbit/)

63쪽 NASA (https://www.sciencealert.com/watch-how-to-measure-time-on-earth-and-the-universe)

64쪽 DMR/COBE/NASA/Four-Year Sky Map (https://commons.wikimedia.org/wiki/File:COBE_CMB_uncorrected.png)

71쪽 ESA (http://www.esa.int/Education/High_School_Students_present_their_ideas_on_capturing_defunct_satellites)

74쪽 ESA (https://www.nasa.gov/feature/improved-micrometeoroid-and-orbital-debris-damage-prediction)

77쪽(위) ESA (http://www.esa.int/spaceinimages/Images/2017/04/Debris_object_evolution)

77쪽(아래) Wikimedia commons/Rlandmann (https://commons.wikimedia.org/wiki/File:Collision-50a.jpg)

81쪽 ESA/NASA (http://www.esa.int/spaceinvideos/Videos/2015/02/ATV-1_reentry)

82쪽 Roscosmos (https://nl.wikipedia.org/wiki/Meteoro%C3%AFde_bij_Tsjeljabinsk)

83쪽 Roscosmos (https://fr.wikipedia.org/wiki/Superbolide_de_Tcheliabinsk)

87쪽 ESA (https://www.space.com/36506-cubesats-space-junk-apocalypse.html)

99쪽 NASA/Voyager 1 (https://en.wikipedia.org/wiki/Pale_Blue_Dot)

103쪽 ESA/DLR/Freie Universitat Berlin(G. Neukum) (http://www.esa.int/spaceinimages/Images/2010/01/Water_ice_in_the_Vastitas_Borealis_crater_Mars)

105쪽 NASA/JPL-Caltech/SSI (https://www.jpl.nasa.gov/news/news.php?feature=2858)

112쪽 NASA/Pierre Kervella/NaCo/VLT/ESO (https://en.wikipedia.org/wiki/Betelgeuse#/media/File:ESO-Betelgeuse.jpg)

124쪽 Arecibo Observatory (https://en.wikipedia.org/wiki/Arecibo_message)

132쪽 NASA/ESO (https://www.space.com/35131-new-method-search-for-life.html)

134쪽 ASA Jet Propulsion Laboratory (https://www.jpl.nasa.gov/news/news.php?feature=6950)

137쪽 NASA/MSFC (https://www.nasa.gov/mission_pages/tdm/solarsail/index.html)

147쪽 Nigel Sharp/Mark Hanna/NOAO/AURA/NSF (https://en.wikipedia.org/wiki/Messier_67)

149쪽 JPL-Caltech/NASA (https://science.nasa.gov/science-news/science-at-nasa/2011/15sep_doublesuns)

154쪽 R. Canup/SwRI (http://www.media.inaf.it/2015/11/09/luna-dieta-povera/)

158쪽 UC Berkeley/NASA (http://www.startrek.com/article/guest-blog-planetary-accessories-undefined-moons-and-rings)

161쪽 Apollo 16 Crew/NASA (https://en.wikipedia.org/wiki/Far_side_of_the_Moon)

163쪽 NASA/JPL-Caltech (https://en.wikipedia.org/wiki/(469219)_2016_HO3)

169쪽 NASA/GSFC/J. Friedlander (https://asd.gsfc.nasa.gov/blueshift/index.php/2015/11/25/100-years-of-general-relativity/)

172쪽 NASA (https://astro.kasi.re.kr:444/learning/pageView/6374)

178쪽 Illustration by the Integral team and ESA/ECF (http://sci.esa.int/integral/32700-integral-s-view-of-cygnus-x-1/)

183쪽 NASA/JPL-Caltech (http://sci.esa.int/herschel/50334-artist-s-impression-of-galactic-outflows/)

187쪽 NASA's Goddard Space Flight Center/L. Blecha(UMD)/Michael Koss (https://www.nasa.gov/content/goddard/nasas-swift-mission-probes-an-exotic-object)

189쪽 ESO/M. Kornmesser (https://www.eso.org/public/images/1205-astronaut-black-hole_cc/)

195쪽 Northrup Grumman/NASA (https://www.nasa.gov/feature/goddard/the-secrets-of-nasas-webb-telescope-s-deployable-tower-assembly)

197쪽 Tomoharu Oka/Keio University (http://aasnova.org/2016/12/21/selections-from-2016-an-intermediate-mass-black-hole-in-the-milky-way/)

205쪽 Wikimedia commons (https://www.wired.com/2015/01/fantastically-wrong-halleys-comet/)

207쪽 Peter Apian attempts to chart the course of a Comet, 1532 (http://galileo.rice.edu/images/things/comet_1532_apian-l.gif)

209쪽 Halley's Comet by Samuel Scott (https://www.pinterest.co.kr/pin/333829391100703353/?lp=true)

212쪽 S. Alan Stern, 2010, Nature, Solar System: Pluto is again a harbinger (https://www.nature.com/articles/468775a)

214쪽 ESA/NASA/SOHO (https://www.nasa.gov/content/goddard/comet-ison-at-930am-est/#.Wlt9r1QxFHQ)

217쪽 NASA/Eder Ivan (https://apod.nasa.gov/apod/ap071110.html)

219쪽 NASA (https://www.nasa.gov/connect/chat/comet_chat.html)

226쪽 NASA/JPL/Paul Stephen Carlin (https://en.wikipedia.org/wiki/Deep_Impact_(spacecraft))

232쪽 NASA/ESA/University of Arizona (https://commons.wikimedia.org/wiki/File:Beta_Pictoris_-_Comparison.jpg)

240쪽 ESA/ATG medialab (https://medium.com/starts-with-a-bang/how-did-we-make-sense-of-the-cosmic-abyss-2b73dd14ff6b)

244쪽 ESA/A. Moitinho&M. Barros(CENTRA, University of Lisbon), on behalf of DPAC (http://www.esa.int/Our_Activities/Space_Science/Gaia/Gaia_s_billion-star_map_hints_at_treasures_to_come)

247쪽 NASA/ESA/A. Feild(STScI)/A. Riess(STScI/JHU) (https://en.wikipedia.org/wiki/Cosmic_distance_ladder#/media/File: Cosmic_distance_ladder.jpg)

251쪽 Humason, Milton L. "The apparent radial velocities of 100 extra-galactic nebulae", The Astrophysical Journal 83(1936): 10. (http://www.catchersofthelight.com/catchers/post/2012/07/23/Photographic-Astronomical-Spectroscopy-History-of-Astrophotography)

255쪽 NASA/ESA/A. Riess/STScI (https://www.learner.org/courses/physics/unit/text.html?unit=11&secNum=7)

265쪽 NASA/COBE/Nasawmap Science Team (https://medium.com/starts-with-a-bang/what-happened-before-the-big-bang-ef36f2bb2ad1)

270쪽 NASA/NGP/Moonrunner design (http://scienceblogs.com/startswithabang/2015/01/30/ask-ethan-73-the-multiverse-and-you-synopsis/)

청소년을 위한 천문학 이야기
우리 집에 인공위성이 떨어진다면?

초판 1쇄 발행 • 2018년 1월 29일
초판 4쇄 발행 • 2023년 4월 18일

펴낸이 • 강일우
편집 • 김은주 김정희
조판 • 이주니
펴낸 곳 • (주)창비교육
등록 • 2014년 6월 20일 제2014-000183호
주소 • 04004 서울특별시 마포구 월드컵로12길 7
전화 • 1833-7247
팩스 • 영업 070-4838-4938 / 편집 02-6949-0953
홈페이지 • www.changbiedu.com
전자우편 • contents@changbi.com

ISBN 979-11-86367-84-1 43440